"十三五"国家重点出版物出版规划项目

增材制造技术丛书

国家出版基金项目
NATIONAL PUBLICATION FOUNDATION

风洞试验模型增材制造技术

Models for Wind Tunnel Tests Based on Additive Manufacturing Technology

朱伟军　李涤尘　著

国防工业出版社

·北京·

内 容 简 介

本书系统介绍了基于增材制造技术的风洞试验设计和制造，包括模型设计技术、模型制造工艺、模型检测与模型强化技术。在此基础上，本书以案例形式详细介绍了飞行器研制中常用测力模型、测压模型、弹性模型、颤振模型等的具体实施过程。

本书主要为从事飞行器设计、实验流体力学、增材制造技术研究的科研人员和工程技术人员提供参考。

图书在版编目(CIP)数据

风洞试验模型增材制造技术 / 朱伟军，李涤尘著. —北京：
国防工业出版社，2021.11
（增材制造技术丛书）
"十三五"国家重点出版项目
ISBN 978 - 7 - 118 - 12332 - 6

Ⅰ.①风… Ⅱ.①朱… ②李… Ⅲ.①风洞试验-模型-快速
成型技术 Ⅳ.①V211.74 ②TB4

中国版本图书馆 CIP 数据核字(2021)第 216281 号

※

国防工业出版社出版发行
（北京市海淀区紫竹院南路 23 号 邮政编码 100048）
雅迪云印（天津）科技有限公司印刷
新华书店经售

*

开本 710×1000 1/16 印张 13¼ 字数 239 千字
2021 年 11 月第 1 版第 1 次印刷 印数 1—3 000 册 定价 96.00 元

(本书如有印装错误，我社负责调换)

国防书店：(010)88540777　　书店传真：(010)88540776
发行业务：(010)88540717　　发行传真：(010)88540762

丛书编审委员会

主任委员

卢秉恒　李涤尘　许西安

副主任委员（按照姓氏笔画顺序）

史亦韦　巩水利　朱锟鹏

杜宇雷　李　祥　杨永强

林　峰　董世运　魏青松

委　员（按照姓氏笔画顺序）

王　迪　田小永　邢剑飞

朱伟军　闫世兴　闫春泽

严春阳　连　芩　宋长辉

郝敬宾　贺健康　鲁中良

总 序
—
Foreward

增材制造（additive manufacturing，AM）技术，又称为3D打印技术，是采用材料逐层累加的方法，直接将数字化模型制造为实体零件的一种新型制造技术。当前，随着新科技革命的兴起，世界各国都将增材制造作为未来产业发展的新动力进行培育，增材制造技术将引领制造技术的创新发展，加快转变经济发展方式，为产业升级提质增效。

推动增材制造技术进步，在各领域广泛应用，带动制造业发展，是我国实现强国梦的必由之路。当前，推动制造业高质量发展，实现传统制造业转型升级等，成为我国制造业发展的重中之重。在政府支持下，我国增材制造技术得到了迅速的发展，增材制造技术与世界先进水平基本同步，高性能复杂大型金属承力构件增材制造等部分技术领域已达到国际先进水平，已成功研制出光固化成形、激光选区烧结成形、激光选区熔化成形、激光净成形、熔融沉积成形、电子束选区熔化成形等工艺装备。增材制造技术及产品已经在航空航天、汽车、生物医疗等领域得到初步应用。随着我国增材制造技术蓬勃发展，增材制造技术在各领域方向的研究取得了重大突破。

增材制造技术发展日新月异，方兴未艾。为此，我国科技工作者应该注重原创工作，在运用增材制造技术促进产品创新设计、开发和应用方面做出更多的努力。

在此时代背景下，我们深刻感受到组织出版一套具有鲜明时代特色的增材制造领域学术著作的必要性。因此，我们邀请了领域内有突出成就的专家学者和科研团队共同打造了这套能够系统反映当前我国增材制造技术发展水平和应用水平的科技丛书。

"增材制造技术丛书"从工艺、材料、装备、应用等方面进行阐述，系统梳理行业技术发展脉络。丛书对增材制造理论、技术的创新发展和推动这些技术的转化应用具有重要意义，同时也将提升我国增材制造理论与技术的学术研究水平，引领增材制造技术应用的新方向。相信丛书的出版，将为我国增材制造技术的科学研究和工程应用提供有价值的参考。

卢秉恒，中国工程院院士，西安交通大学教授。

前　言
Preface

　　飞行器风洞试验指在风洞试验装置中安装飞行器或飞行器模型，以一定方式加载气体载荷后获得飞行器空气动力学特性的一种空气动力试验。风洞试验贯穿飞行器的概念设计、详细设计、试制、鉴定、改进改型等环节，是支撑飞行器研制的主要技术手段之一。风洞试验模型的设计和制造对飞机研制的质量和效率具有重要影响，受限于传统加工方式，因须满足几何、刚度、质量、动力等相似准则，模型难以设计和加工，故设计人员不便于在飞机研制的早期阶段评估飞机结构参数对气动特性的影响。由于增材制造技术(3D打印技术)的发展，新的风洞试验模型设计和制造方法得到了长足进步。增材制造技术可降低制造具有内、外复杂结构产品的工艺限制，提高风洞试验模型的设计自由度，可使现有模型的零件数明显减少、外形几何相似度显著提高，还可改善模型加工经济性，有利于发展出具有更好相似性的新型模型。为此，本书详细介绍了风洞试验模型增材制造技术，包括技术基础和案例讲解两大部分。技术基础部分主要介绍相关的设计、工艺、检测及强化技术等，涵盖第 2 章到第 5 章。为读者进一步掌握应用知识，本书在案例讲解部分详细介绍了测力、测压、弹性、颤振和变形相似测力等模型，包括第 6 章到第 10 章。

　　作者开展的相关研究和本书的写作，得到了西安交通大学卢秉恒院士、北京航空航天大学丁希仑教授、李东升教授等的指导和帮助。参与本书相关研究的人员包括西安交通大学的周志华、曾俊华、赵星磊、张威、苗恺等，及合作单位中国空气动力学发展与研究中心的张征宇研究员、杨党国博士、孙岩博士、王超博士等。在此，作者一并感谢。

风洞试验模型的设计和制造是多学科难题，需要科研人员和工程技术人员不断探索和实践。书中有许多不足和问题，诚恳期待读者和专家给予批评和指正。

作　者

目 录

—

Contents

第 10 章
变形相似测力模型
的增材制造

参考文献

第 1 章
风洞试验模型概述

1.1 飞机研制与风洞试验模型

1.1.1 飞机研制与风洞试验

飞机研制是一个复杂的系统工程，包括概念设计、详细设计和试制及鉴定的阶段，其中概念设计在很大程度上决定了飞机的性能，是飞机研制中最重要的阶段[1]，如图 1-1 所示。在概念设计阶段，飞机设计包括气动设计和结构设计。气动设计的主要任务是在保证有足够升力前提下，确定气动外形参数，使阻力最小；而结构设计的任务是在保证结构完整性前提下，选择结构布局形式，确定结构件尺寸，使结构重量最轻。在工业实践中，由气动设计部门和结构设计部门分别开展相关设计工作[2]。

飞机研制手段主要包括建模与仿真（modeling & simulation）、地面试验（ground test）和飞行试验（flight test）[3-7]。按照飞机设计的一般流程，飞行试验最接近飞机飞行的真实情况，所获取的数据有较高的可信度，但是只能在飞机设计的后期，等原型机设计制造完毕后才可以进行，周期较长且成本较高，同时具有较大的安全性等风险。随着计算机计算能力的提升和计算方法的发展，计算流体力学（computational fluid dynamics，CFD）计算技术、气动-结构多学科设计优化（multi-disciplinary design optimization，MDO）计算技术等能解决的问题范围在扩大，建模仿真技术越来越多应用于飞机设计过程，但目前计算可靠性尚待试验验证。然而，计算机对复杂问题的精确计算仍需要较长的计算周期和较高成本。以风洞试验为主的地面试验技术在飞机设计的应用中有悠久的历史，在可靠性、经济性等方面有优势。为应对飞机设计方面的新挑战，建模仿真技术、地面和飞行试验技术等趋于融合[5]。其中，风洞试验所获得的数据是飞行器外形、强度和结构设计及性能预测的主要依据，具有不可替代性[5,8]。

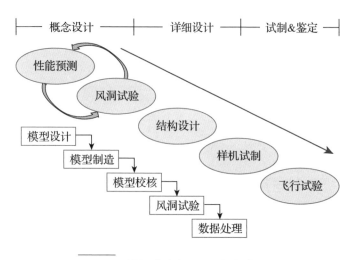

图 1-1 风洞试验在飞机研制中的作用

风洞试验对飞行器空气动力学及与其他学科交叉的研究领域必不可少，其主要作用包括：①验证空气动力学中理论分析和计算的正确性；②为飞机、导弹、火箭等飞行器的研制提供可靠的气动力数据。飞行试验采用真实飞行器在真实环境中实际运行，所获得数据可靠性最强，对于设计后期检验飞机性能、测试飞行包线等必不可少，但是存在试验条件难以控制和改变、不利于试验参数的调整和测量、得到的数据分散性较大、难以用于建立物理现象的本征规律等问题。随着计算流体动力学的快速发展和计算机求解能力的不断提高，数值计算可以代替部分风洞试验项目，可更迅速、更经济地提供空气动力数据[9]。计算流体动力学建立在理论分析和实验流体力学基础上，能够解决物理机理清楚和实验数据充分的问题，但对于先进飞行器研制中经常遇到的复杂空气流动现象，其可靠性存在很大挑战性。因此，风洞试验仍是兼顾可靠性、安全性和经济性的手段，广泛应用于飞行器型号研制与设计研究、定型和改型等方面，也不断推进计算流体动力学的发展。

1.1.2 风洞试验模型

风洞试验模型是风洞试验的测试对象，是根据相似理论设计生产的物理模型，是被试验飞机在风洞中的替代物[14-15]。因获取数据、相似性、模型结构、试验速度等不同，风洞试验模型有多种分类方法，如表 1-1 所示。

表 1 - 1　风洞试验模型的类型

分类标准	风洞试验模型
获取数据类型	测力模型、测压模型、动态特性模型
相似性要求	几何相似、刚度相似、质量相似、动力相似、结构相似
模型完整性	全机模型、半模模型、部件模型
试验风速	低速、亚声速、跨声速、超声速、高超声速
模拟对象	飞机、导弹、火箭

　　风洞试验模型设计的质量，对保证数据的可靠性和风洞试验的安全性具有重要影响[14-15]。如图 1 - 2 所示，风洞试验模型设计的主要要求包括相似性要求、测试要求、强度要求和加工性要求[17,20-21]。相似性要求指在风洞中吹风的模型与在大气中飞行的飞机具有相似性，包括对象相似和流场相似两方面。其中流场相似由风洞的吹风参数和模型的气动外形决定，而对象相似即模型设计需要满足的相似条件，包括上述的几何相似（外形相似）、质量相似、刚度相似等。

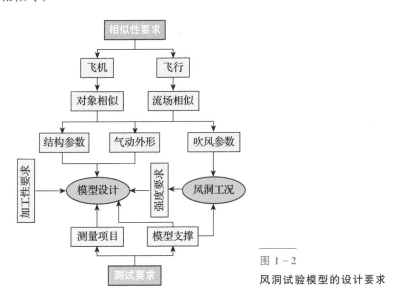

图 1 - 2
风洞试验模型的设计要求

　　风洞试验模型基于原始飞机（原型），根据相似原理设计得到。常用的模型相似性要求有几何相似、刚度相似、质量相似、动力相似、结构相似等。几何相似指模型的外形与原型（缩比后，下同）保持一致，以保证绕流的相似性，这是所有模型要满足的基本准则。刚度相似要求模型的结构具有与原型相同的刚度分布,如静弹性模型等要求模拟该准则。质量相似的模型具有与原型相同的质量分布,对于尾旋自由飞模型等,该准则需要得到满足。动力相似是对模型动态特性的要求,遵循该准则的模型包括颤振模型、抖振模型等。结构相似是对模型传力结构和路径的相似要求,对于精确预测流固耦合效应影响具有重要意义[13-15]。传统风洞模型相似的不足如下文所述。

1)几何相似模拟的不精确

为解决成本问题,对于飞机外形的细节特征,一般做简化处理,如鼓包等;对于结构较复杂的部位,如战斗机挂弹,往往通过部件加工 - 整体装配的方式来实现,这对气动外形的完整性就会造成一定的影响。细节简化和装配误差对飞机的精确设计的有效性存在影响。几何缩比系数要合理设计,一般要求模型尺寸尽量大以增大试验雷诺数,但为控制洞壁干扰的影响,应使模型最大尺寸(最大横截面积、总长和翼展长)保持在规定范围内(根据试验类型、风洞大小不同);同时,模型的表面粗糙度也要达到规定的要求。

2)结构参数模拟的不足

刚度相似、质量相似、动力相似、结构相似等决定着模型的结构参数。如前文所述,在传统风洞试验项目中,这类模型试验的引入较为滞后,且开展较少,多为"验证性"试验(可行与否),远远不能满足对结构参数进行优化设计的要求,通过试验手段进行多学科优化更无从谈起。现有飞行器缩比风洞试验模型设计的相似性约束介绍如下。

(1)刚度相似。因为原型飞机内部结构的复杂和模型尺寸的缩小,完全模拟刚度的难度较大。通常采用的模型结构形式有单/双梁 - 维形框结构、梁架结构、简化相似结构等。

(2)质量相似。质量相似通常采用结构质量 - 配重质量的方式来实现。对于低速模型,结构质量较小,具有较大的配重调节空间,因此质量相似容易实现;而对于高速模型,为了保证足够的强度和刚度,结构本身的质量较大,往往存在超重问题。因此,质量相似的模拟是个难点。

(3)动力相似。动力相似对于模型的刚度分布和质量分布都有要求,涉及较多的约束条件,因此,精确的动力相似设计较为复杂,特别是对于整体机翼、全机动力相似模型,设计和制造难度很大。

(4)结构相似。理论上,模型应该具有与飞机相同的内部结构以精确模拟传力路径，从而使得两者具有相同的结构参数特性。但是，因飞机结构的复杂性和模型的缩比性，对于传统的机械加工方式，结构相似在经济上是不允许的。

1.1.3　现有模型的设计和制造技术

造成传统模型相似度不足的主要因素是模型的设计和制造技术——风洞试验模型的实现技术。风洞试验模型的实现指将模型从需求到产品的变化过程，具体包括模型设计和模型制造两个环节。如图 1-3 所示，模型设计和制造的输入端是风洞试验任务书中的模型设计要求，输出端为模型风洞试验。广义的模型实现还包括建模仿真、校核计算、校核试验等环节。

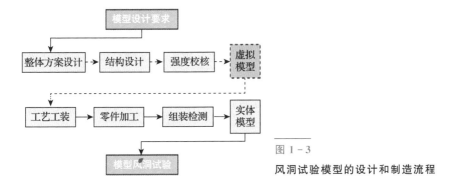

图 1-3

风洞试验模型的设计和制造流程

1. 风洞试验模型的产品特点

模型是一类特殊的工业产品，从实现的角度具有以下特点。

1）设计的约束复杂

如图 1-2 所示，风洞试验模型的设计需要同时满足相似性要求、测试要求、强度要求和加工性要求等，设计约束繁多，有些要求之间是矛盾的。比如静弹性模型要求模型具有一定的刚度分布，但在高速吹风时，满足刚度相似要求的模型往往难以同时满足强度要求；对于动力相似模型的设计，刚度相似的设计往往会带来质量的超重。

2）生产的单件形式

在一种飞机型号的研制过程中，要设计生产几十套模型。由于每套模型的试验目的不同，所以模型的尺寸和结构也都不同。故模型的加工全部是单件加工，为每套模型设计加工专用工装的成本高、周期长。

3）加工的高准时性

军、民机型号研制都遵循严格的时间节点控制，型号研制的各阶段都必须在规定的时间内完成，所以要求模型的设计、生产、试验各环节必须准时。由于模型设计的多约束、模型加工的单件形式，从设计开始到加工完毕要经历复杂的步骤，任何环节的失误都会带来模型交货期的延误，导致风洞试验的延期，这对于追求时间节点的型号设计单位和试验安排紧凑的试验实施单位都是不能接受的。

2. 模型设计

模型设计流程包括如下方面：

1）整体方案设计

根据风洞试验大纲中提出的模型设计要求，拟定模型设计总体方案，包括模型尺寸缩比系数、外形模拟要求、模型结构形式、强度校核工况、材料选择、加工精度要求、支撑形式及所用天平和支杆尺寸等，这是模型设计的关键步骤。

2）结构设计

根据所拟定的模型总体方案，进行模型详细结构的设计，绘制模型全套图纸（包括模型总图、部件图和零件图等），供加工使用。

3）强度校核

根据模型及其主要部件的试验工况（马赫数、姿态角等）和风洞的气动参数，估算最大气动载荷，对模型及其支撑杆的危险部位进行强度校核。根据模型强度校核情况，对模型的结构和连接以及所用材料等做些调整，直到满足强度要求。

3. 模型加工

风洞试验模型常使用的材料包括金属（高性能钢和铝合金）、木材、玻璃纤维复合材料等，其中以金属为主[3-4,6]。金属模型的机械加工设备包括电火花线切割机、电火花加工机床、数控车床、数控铣床、坐标镗床等精密加工设备。工装准备是机械加工的必要步骤，对于风洞试验模型这类具有内外结构、加工精度要求高的产品,这是一项必不可少的复杂工作。飞机的机身和导弹的弹身一般采用普通碳素钢或铝合金;翼面、模型支杆及天平通常都选用优质高强度合金钢材料。目前,金属模型大都采用数控加工的方法来制造模型组件并留出一定的后处理加工余量,装配完成后整体手工修磨。现阶段的风洞试验模型制造还有较大部分的工作需手工完成,如风洞试验模型的流线处理等。模型加工装配完成后,还需要进行模型外形精度、表面质量等检测才能进行风洞试验。

4. 现有实现方法的特点

现有实现方法经过长久的技术积累,设计方法及流程、材料选择、工艺准备、零件加工等过程都已成熟,使用高精度机械加工技术实现的零件具有很高的尺寸精度和表面质量,在超高精度模型(如标准模型)的实现上具有不可替代的地位。然而,从风洞试验技术发展趋势来看,现有实现方法在如下方面还需要改进。

1)相似性设计困难

在满足设计要求的前提下,试验模型要尽量轻,目前风洞试验模型大多是采用金属材料并使用数控加工而成的,材料密度较大,减重结构加工困难,因此难以实现模型轻质化。对于尾旋自由飞等试验,要求满足质量相似,其配重设计和加工较为困难。飞机的内部结构是其主要承力部件,对飞机的结构参数(刚度分布、质量分布)、动态特性等有重要的影响。但是现在模型材料模量较大,模型的结构按缩比设计后(如厚度为 10mm 的蒙皮按 1:20 缩比后为 0.5mm),小于可加工尺寸,因此,基于现有模型实现方法,无法实现模型的结构相似。

2)交货周期长

风洞试验模型的外形与内部结构复杂,而且零部件一般都是单件生产,在一套模型中,少则几十个零部件,多则数百个零部件。工艺人员要根据每个零部件的特点进行加工方案设计,工作量较大,耗时较长[16]。据调研,一套全机模型的交货周期为 4 个月左右,其中工艺准备大约需 1 个月。飞机研发周期有缩短的趋势[16],但是模型实现周期的缩短却有限制。CFD 等计算能力在提升,周期和成本优势越来越明显,在效率上,传统风洞试验的必要性和经济性遇到了挑战。

3）设计方法不足

现在的模型设计基于机械加工方式，广泛使用计算机辅助设计（computer aided design，CAD）方法进行模型设计。受制于材料选择、工装准备等因素，其设计自由度受到很大限制，不能利用最新的设计方法（如减重设计的结构优化），也不能很好地支持与飞机设计方法的融合（如 CFD、MDO 等），这与风洞试验技术发展趋势不吻合[5]。

上述不足阻碍了新型飞机的研制、延长了飞机研制周期。且随着模型复杂程度的增加，加工周期延长问题将更加严峻[17-18]。风洞试验模型制造周期的延长将延误风洞试验时间，给风洞试验的调度带来极大困难。以上现状要求探索风洞试验模型的新制造方法。

1.2 增材制造技术的介绍

国内外航空航天相关部门正在寻求可以减少风洞试验模型制造时间和成本的新制造技术[19-20]，其主要方向是增材制造技术在风洞试验模型制造上的应用[21-25]。

1.2.1 增材制造技术的简介

增材制造技术（快速成形技术）是一种全新的制造技术，有别于传统机械加工"去除材料"的方式，是一种"添加材料"的加工方式，被广泛认为有可能引发制造业的革命[26]。美国政府已经制定计划以此为振兴美国制造业的核心技术之一[27]。

增材制造技术是一种集精密机械、材料科学、激光技术以及数控技术于一体的加工技术[28]。它是一种采用材料累加的成形原理，直接由虚拟数据制成三维实体的制造技术。根据工艺不同，可分为光固化成形（stereo lithography，SL）工艺、熔融沉积成形（fused deposition modeling，FDM）工艺、薄片分层叠加成形（laminated object manufacturing，LOM）工艺、激光选区烧结（selective laser sintering，SLS）工艺等。

增材制造技术的特点主要在于①快速性：将虚拟零件（由 CAD 完成）转换为加工数据（如 STL 格式），直接驱动设备生产实体零件，可实现产品的快速制造，适合于对产品周期要求严格的领域。②高度柔性：免去了工装准备，设备不做任何改变和调整即可完成不同类型零件的加工制造，适合新品开发或单件小批量生产。③与复杂程度无关性：零件制造周期和制造成本与零件的形状和复杂度无关，而只与其净体积有关，适合于具有内、外复杂结构产品的加工。如图 1-4 所示，与常规机械加工方法相比，由于省去了工装准备环节，增材制造技术大大缩短了虚拟零件向实物零件的转换时间，达到一种虚拟-实物无缝连接的新水平。

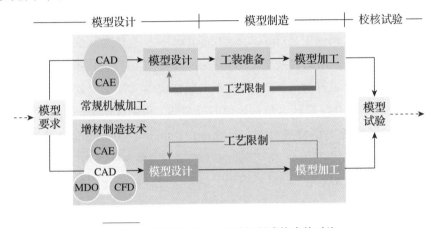

图 1-4　常规机械加工与增材制造技术的对比

1.2.2　增材制造技术在风洞试验模型中的应用

美国国家航空航天局马歇尔太空飞行中心（NASA Marshall Space Flight Center）的 A. Springer 团队[17,25,29]研究了不同材料制成的 4 种增材制造模型用于高速风洞试验的可行性。该研究以铝模型为对比基准，使用的增材制造工艺有：熔融沉积成形工艺、光固化成形工艺、激光选区烧结工艺、薄片分层叠加成形工艺。以带尾翼的运载火箭作为研究对象，将模型分两段，在其内部安装测力天平，试验马赫数从 0.3 到 5。测试表明，光固化模型在绝大多数测试条件下都得到了满意的结果；与传统金属模型的设计制造相比，4 种增材制造模型体现出造价低、设计制造周期短的特点。利用增材制造技术制成的风洞试验模型能够用于早期亚声速、声速、超声速等风洞试验。特别是基于光固化成形工艺和熔融沉积成形工艺的低速模型制造技术具有精度高、周期短、成本低的优点。

美国空军 WPAFB 研究实验室与 Northrop Grumman Integrated Systems

研究小组[30]利用三维打印工艺(3D prirting,3DP)制造了全树脂预警机(E-8C)全机刚性模型,并进行了低速风洞试验,将增材制造技术应用到了型号飞机的研制中。利用增材制造技术的灵活性,该研究小组制造了有/无雷达整流罩、有/无尾舵偏角、有/无翼梢小翼的系列模型。同时,该技术良好的精度也保证了系列模型之间的可对比性。研究表明,利用增材制造技术制造风洞试验模型可以提高风洞试验效率。

美国波音公司[31]将增材制造技术作为提高风洞试验效率、降低成本的两项革命性技术之一(另外一个为参数化 CAD)。该公司主要利用金属 SLS 工艺、树脂零件金属镀膜工艺(metal coated plastic)、直接金属熔融工艺(direct metal fusion)制造风洞试验模型。结果表明,以该工艺代替传统加工手段(NC 编程、机加工、手工打磨等)能够将模型的制造成本减低 1 个数量级、周期缩短到原来的 1/3,并将设计人员从烦琐的模型加工中解放出来。

美国诺斯洛普·格鲁曼公司(Northrop Grumman Corporation)的 Jonathan D. Bartley-Cho 等人[32]利用 SL 工艺制造机翼模型的节段外壳,并与金属铝梁组装成单梁-维形节段结构的气动弹性模型。他们研究了机翼结构的突风缓和性能(gust load alleviation,GLA),得到了预期的效果。该模型结构较复杂,但主要的承力构件是一根铝梁,用以模拟刚度,气动外形则由用 SL 工艺成形的节段外壳保证。各节段单点连接在铝梁上,节段间的缝隙由泡沫填充。质量相似则通过在节段上安装铅块来实现。风洞试验前,他们对整个模型进行了仿真校核,结果表明其静气动弹性性能(静变形)、颤振特性(颤振频率、颤振速度)均满足要求。

意大利都灵理工大学(Politenico di Torino University)的 G. Romeo、美国克拉克森大学(Clarkson University)的 P. Marzocca 和美国阿拉巴马大学(the University of Alabama)的 Ilhan Tuzcu 等人[33],用 SL 工艺制造了大展弦比弹性机翼的外壳,并称其为"高级机翼模型",以供低速颤振试验使用。SL 外壳分成 7 块,中间留有很小的间隙,以减小外壳的附加刚度。该模型可保证气动外形精度。

除此之外,①美国空军 WPAFB 研究实验室和美国约翰·霍普金斯大学(Johns Hopkins University)应用物理实验室(Applied Physics Laboratory)[34-35]合作研究了 SL 工艺在风洞测压模型制造上的应用。该研究小组设计、分析并使用 SL 成形机加工制造了一种低成本的翼身融合体风洞测压模型,并进行了评估,得到了较好的实验结果。②美国国家航空航天局兰利研究中心[36](NASA

Langley Research Center)通过基于增材制造的精密铸造技术制造高超声速航空航天器风洞试验模型。这种方法既能减轻模型的重量，又能提高设计速度、降低成本。③美国空军 WPAFB 研究实验室和美国代顿大学（University of Dayton）联合开展了风洞试验模型增材制造技术的研究工作[37-38]。该小组成功地通过增材制造技术（SL 和 SLS 工艺）制造了两个风洞试验模型。他们利用低成本的增材制造技术加工模型外表面，内部的强度支持件采用规则的金属件。该技术能够有效加工测压孔和传压管道，并能比较容易安装电子或机械压力扫描阀和传感器，用以检测支撑和模型在加载情况下的迎角准度和精度。④英国伦敦帝国大学（Imperial University）Heyes 等人[19]讨论了利用熔融沉积工艺及光固化成形工艺制造具有复杂内部结构风洞试验模型的方法。研究发现，选择光固化成形工艺不仅可缩短模型制造周期、降低成本，而且可以在保证刚度、强度条件下，快速制造出具有复杂内部结构的测压流道模型。⑤美国阿拉巴马大学 Landrum 等人[39]研究了光固化成形工艺在飞行器机翼模型制造中的可行性。该小组制造了两个机翼模型用来进行评估，分别利用聚氨基甲酸乙酯通过普通铸造技术和树脂光固化成形工艺来制造机翼模型。结果表明，光固化成形工艺能提供较好的气动表面精度。⑥俄罗斯茹科夫斯基中央空气流体动力学研究院与俄罗斯科学院合作研究光固化成形工艺及其复合制造技术在战斗机模型设计和制造中的应用[40]。他们研究了利用光固化成形工艺制造高精度风洞试验模型的可行性。研究证明，在增材制造技术方法中，光固化成形工艺是制造风洞试验模型最有效的手段。它能以较高精度制造出单个的模型部件以及复合制造出组合模型。⑦加拿大麦吉尔大学（McGill University）机械制造系研究了增材制造技术在制造风洞试验模型方面的有效性和经济性[24]。将风洞试验模型制造技术分为三类：非结构型载荷、轻载荷和高载荷组件。研究发现，增材制造技术特别适用于非结构型载荷组件的制造。⑧伊朗德黑兰 K. N 图西理工大学（Khajeh Nasir Toosi University of Technology）Aghanajafi 研究小组[41]利用增材制造技术制造低速、跨声速风洞试验模型，并与数控加工的铝合金模型进行对比，用以评估在满足高保真度外形要求下快速成形制造技术的可行性。

　　20 世纪 90 年代初，国内有关单位开始研究增材制造技术并开发了相应的成形设备。主要研究单位有西安交通大学、清华大学、华中科技大学、北京航空航天大学、西北工业大学、北京隆源公司等。风洞试验模型相关的研究工作以西安交通大学与中国空气动力研究与发展中心、成都飞机设计研究所等的合作研究为代表[42-44]，在基于光固化成形工艺的测力、测压风洞试验模型的设计和制造方面，该团队已经进行了一些探索和应用。如图1-5所示，西安交通大学在测力模型的制造、测压模型测压孔和流道的设计与制造以及电沉积的复合型风洞试验模型制造等方面进行了尝试，也取得了一定研究成果。

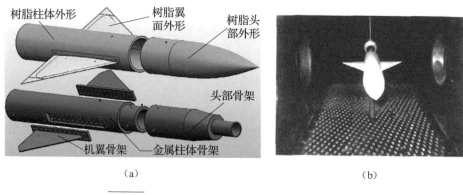

（a）   （b）

图1-5 复合化的 AGARD-B 标准测力模型[42-44]

1.2.3 增材制造技术应用现状分析

光固化成形工艺是主流的增材制造技术之一，其应用较为广泛[19,25,34,43,45-48]。与其他增材制造技术（FDM、LOM、SLS 工艺等）相比，该工艺是目前公认的成形精度最高的工艺方法之一（常规设备精度为 0.1mm，特殊条件下可达到 0.05mm）。该工艺所用的原材料是一类光固化树脂，其弹性模量较低（50MPa左右）。这为结构相似的实现提供了设计上的可能。近来的研究表明，该工艺因其较高的加工精度和较大的加工范围，在风洞试验模型制造方面具有更好的应用前景[25,28,45]。一些研究者还使用内嵌金属骨架的方法强化光固化成形部件，从而提高该类风洞试验模型在高速吹风试验中的抗弯能力[32,44,49]。

以光固化成形工艺为代表的增材制造技术虽然得到了越来越多的应用，在风洞试验模型的实现方面，现有研究为建立新的模型实现方法也奠定了一些基础，但为了充分发挥增材制造技术的优势，合理利用现有模型制造方式的长处，实现传统技术与新兴技术的优势互补，广大科研人员还需要在以下几方面开展深入研究。

1. 加工技术对设计方法的影响

现在基于增材制造技术实现风洞试验模型的研究大都仅限于模型加工这个层面，而较少涉及模型实现的另外一个环节——模型设计。作为一种约束（加工工艺性和加工经济性），零件的加工方式对零件的设计方式及其效率具有很大影响。工装准备流程的去除、虚拟－实体无缝转换的实现，使增材制造技术不仅大大缩短了加工时间，而且可通过减少约束拓展模型设计方法的选择范围和提高模型设计的效率。因此，增材制造技术的引入同时影响模型设计和模型加工两个环节，从而根本变革整个模型实现方法。

2. 与传统机械加工方式的融合

增材制造技术的优势是缩短从虚拟零件到实体零件的转换周期、复杂结构的快速加工能力等。但是在高精度、高强度模型的实现方面，尚无法取代传统机械加工方法。而导致传统模型实现方式相似设计困难、周期长和设计过程烦琐等问题的主要原因是其在复杂内外结构加工方面的困难。因此，可融合增材制造技术和机械加工方式的各自优势，在模型设计中充分考虑各自的适用范围，针对模型的不同结构选择相应的加工方法，从而为风洞试验模型的实现提供新的综合解决方案。另外，现有的研究大都为可行性研究，选取研究对象大都为简化翼身结构，一般不包括控制面、舵面偏角调节机构等细节。而这些对风洞试验模型新制造方法的实用化有重要意义，需要专门研究。因此，需要针对新型复杂飞行器测试需求，充分利用增材制造技术和机械加工方式的各自优势，开展更全面更细致的综合研究，为模型的新设计和制造方法的实用化建立基础。

基于增材制造技术，将模型设计和模型制造作为整体，本书提出了一种飞机风洞试验模型的新设计与制造方法，其方法原理如图 1-6 所示。这种新的模型实现方法拓展了模型设计的方法选择，融合了传统机械加工方式和基于增材制造技术的优势，充分利用增材制造材料的性能特点，提高风洞试验模型的相似度，改善现有模型类型的实现效率，支撑新型飞机研制技术的发展。

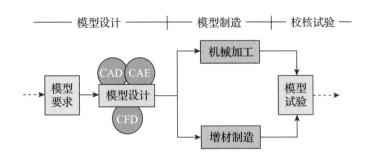

图 1-6   基于增材制造技术的风洞试验模型实现方法

3. 高分子材料性能的重新思考

高分子材料是目前增材制造技术的常用材料。按照现在的模型设计和加工标准，高分子材料不在推荐目录之列[10-11]。有观点认为，高分子材料不适合用于风洞试验模型的制造，其主要理由是高分子材料具有较高的阻尼系数、较低的弹性模量、较低的材料强度和较差的时间稳定性。如果以传统的金属模型为参照，高分子材料模型无疑具有天然不足，其性能无法达到"标准值"。但是，如果换一种思考角度，高分子材料可能具有一些独特优势。高分子材料的低弹性模量对于解决现有金属材料难以实现的结构相似问题提供了一种可能。较高的阻尼系数，有助于提高刚性模型的稳定性。对于动力模型，可以借助增材制造一体化加工的优势减少零件总数，以降低结构阻尼的方式平衡其材料本身的高阻尼特性。高分子材料强度的不足可通过内嵌金属、表面镀金属等方式来弥补。因此，基于这样的新认识，增材制造高分子材料有助于设计和制造新的风洞试验模型，甚至发展新的风洞试验技术。

1.3) 风洞试验模型增材制造技术概况

1.3.1 风洞试验模型设计与制造的新框架

基于增材制造技术，风洞试验模型的设计和制造新框架如图 1-7 所示，包括需求分析、模型设计与制造（打印）、模型校准与风洞试验等。在模型设计环节，根据试验需求和相似性要求，设计人员从飞行器原型的参数获取模型的相应参数。特别的，因增材制造技术的引入提高了模型设计自由度，更多自动化设计方法可以被采用，如 CAD 与 CAE 融合的优化设计方法。对设计结果（如 CAD）进行数据处理和设置工艺参数后，增材制造设备即可据此完成模型的制造。为了确保测试的准确性和安全性，模型必须通过强度校准、共振校核、刚度校准、振动校准等。最后，模型被安装在风洞中进行测试以获得空气动力学数据。

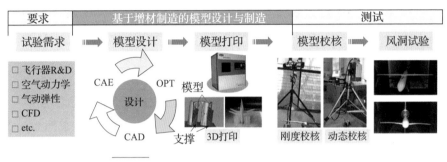

图 1 - 7 风洞试验模型增材制造技术框架[50]

1.3.2 模型的设计和制造流程

基于增材制造技术，模型的设计和制造流程如图 1-8 所示。整个流程分为"虚拟模型"和"物理模型"两个阶段[51]，其输入为各种设计要求，输出为风洞试验模型及试验大纲等。

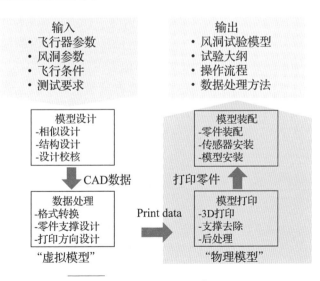

图 1 - 8 模型的设计和制造流程图

模型设计：风洞模型的设计开始于相似性设计，即根据相似原理，由飞行器原型的几何、结构等参数得到模型的相应参数。在相似性要求、测试要求、工艺要求等约束下，设计人员通过 CAD 等工具设计得到模型初始设计结果[52]，完成设计校核后[53]，可以获得模型的详细 CAD 数据。

数据处理：数据处理是增材制造加工的特殊环节，用于生成驱动增材制造设备运行的数据库。一般来说，其常用格式包括 STL、AMF 等。因此，需要将上述 CAD 数据转换为 STL 等数据格式。现在主流 CAD 设计软件均提供了相关数据处理接口。零件支撑设计和成形方向设计是增材制造工艺准备的必要环节[54]。

模型成形：获得数据后，模型成形由增材制造设备自动完成。成形后的模型需要去除支撑、清洗残留原材料等。为了提高材料性能和表面粗糙度，操作人员可以对模型进行后固化（如光固化[54]）、喷砂处理等[51]。

模型安装：得益于增材制造技术对复杂结构的成形能力，模型结构的整体性得到提高，零件的个数大幅减少[55]，使模型装配得到了简化。在模型装配过程中，数据获取所需的传感器和装置等需被安装到模型内部。将模型固定到风洞支架（通常为天平[56]）后，模型的设计和加工流程结束。

1.3.3 模型校核概况

在开展风洞试验之前，为了保障试验的安全性、验证设计的准确性，设计人员需要对设计完成的模型进行校核。一般来说，模型校核包括强度校核、共振校核、地面刚度校核、地面振动校核等。

强度校核：强度校核的目的是确保模型在风洞试验中不会发生结构破坏，防止对试验人员或风洞造成损伤。强度校核通常采用数值仿真方法，常采用的仿真方法包括 CFD 和 FEA。在确定会造成最大载荷的风洞试验条件的基础上，强度校核人员根据风洞试验条件计算加载到模型上的载荷量（该计算主要依靠 CFD）。最后，利用 FEA 方法获取模型结构的应力分布。如果模型在最大载荷下的最大应力小于材料的许用应力，则该模型设计通过强度校核。

共振校核：为避免模型在测试过程中发生共振，对模型、风洞甚至人员造成意外损伤，模型–天平–支撑系统的设计共振频率要避开流场引起的风洞峰值频率，该频率由其刚度、阻尼和质量特性决定。由于刚度阻尼主要取决于无法更改的天平和支撑，因此主要的设计变量是模型的质量。通常，模型质量越小，系统共振频率越高[57]，越容易避开风洞峰值频率。增材制造技术支持轻量化结构、轻量材料的使用，可降低模型的质量，对提高风洞测试的安全性具有积极意义。

地面刚度校核：对于需要满足刚度相似条件的模型(如静气动弹性模型、动力相似模型等)，装配后的模型需要通过地面刚度校核测试，以确定模型的刚度分布是否符合预期[58]。该测试的原理是在特定点加载特定作用力，通过测量模型的变形量，反求得到模型的刚度分布[57]。模型变形量的精确测量是关键，可采用光学测量等非接触测量方法[59]。

地面振动校核：地面振动测试的目的是获取模型的动态特性(如共振频率和共振模态)等，用于校核动态模型的设计与制造精度[32]。在典型测试中，模型首先被固定在特殊夹具上，在激励作用下(激振器等)，测试装置通过传感器或非接触式测试手段获取模型在时域的响应数据，再利用快速傅里叶变换法等处理后，可以获得模型的动态特性参数。在典型测试中，工程人员需要通过不同的激励方式获取不同的动态特性参数[60]。非接触式的振动测试方法可减少传感器的干扰、提高测试效率，被广泛用于模型的振动校核[58]。

1.3.4　典型设备及材料

本书中风洞试验模型主要采用西安交通大学研制的 SPS600B 型光固化快速成形机，如图 1-9 所示。其成形范围为 600mm×600mm×450mm，成形精度为 ±0.1mm，典型成形工艺参数如表 1-2 所示。

图 1-9

SPS600B 型光固化快速成形机

表 1 - 2　模型制造的主要工艺参数

参数类别	参数名称	参数数值
基本参数	分层厚度/mm	0.1
扫描参数	填充间距/mm	0.1
	激光功率/mW	198.2
	光斑补偿直径/mm	0.12
	填充扫描速度/(mm/s)	3600
	支撑扫描速度/(mm/s)	1200
	点支撑扫描时间/ms	1.66
	铰结构扫描时间/ms	1.37
	轮廓扫描速度/(mm/s)	3500
	跳跨速度/(mm/s)	12000

本书所用的材料包括树脂和金属两大类,其机械性能如表 1 - 3 所示。其中树脂牌号为 Somos® 14120(荷兰皇家帝斯曼公司,DSM),材料制备通过 SPS600B 型光固化快速成形机完成(西安交通大学)。

表 1 - 3　模型所用材料的性能参数

参数	树脂 Somos® 14120	钢 40Cr	钢 45	铝合金 7A04
密度 $\rho/(kg/m^3)$	1120	7780	7850	2780
弹性模量 E/GPa	2.46	211	211	74.0
泊松比 ν	0.38	0.30	0.30	0.30
拉伸强度 σ/MPa	46.0	980	600	600

第 2 章
面向增材制造的风洞试验模型设计基础

　　面向制造的设计是为了保证制造的可实现性和有效性。因此，本章讨论了基于增材制造技术的风洞试验模型设计问题，如模型的外形调整、模型的活动操纵面设计、模型的分割与组装。

2.1　风洞试验模型的外形调整设计

2.1.1　堵锥设计

　　一般为了获得准确的试验数据，模型应模拟飞机进气口及尾喷口的流动[2]。若试验模型不采用通气的进气口设计，只是简单地将进气口和尾喷口堵死，其结果必将使模型的气流特征与飞机实际的不相似。飞机飞行时，飞机进气口和尾喷口附近的绕流情况如图 2-1(a)所示，来流一部分进入进气道，然后从尾喷口喷出，其余部分均匀地从外面绕流，通常不发生气流分离；若简单地将进气口及尾喷口堵死，其流动特征如图 2-1(b)所示，这时在进气口唇口周围和尾喷口附近产生明显的气流分离，造成绕模型的气流与飞机的差别很大。因此，为了较好地模拟飞机的绕流通常在模型的进气口及尾喷口

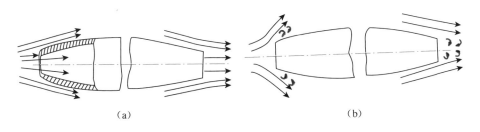

(a)　　　　　　　　　　　　　(b)

图 2-1　飞机模型进气口与尾喷口的模拟

(a)飞机的绕流模拟；(b)模型进气口与尾喷口简单堵死的模拟。

设计一个流线型旋转体，即整流堵块。

按国家低速风洞飞机模型设计准则[31]的设计要求，本模型采用抛物线形整流堵块，即外形为抛物线形的旋转体。堵块的长细比为4，堵块尖端的半锥角为15°，同时堵块外形与进气口唇口外形一致，并且与机身光滑连接，如图2-2所示。

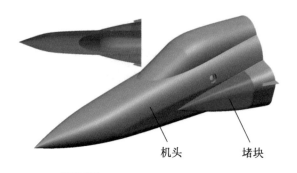

图 2-2　飞机模型进气口堵块设计

对于尾喷口堵块可以采用对称的外形轮廓线。某模型的尾喷口堵块采用直线段轮廓，向外延长 30mm，如图 2-3 所示。

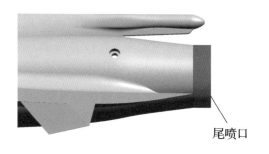

图 2-3　飞机模型尾喷口堵块

2.1.2　局部放大设计

在模型设计中，模型的操纵面后缘部分通常为厚度极小的薄边。如图2-4所示，平尾后缘的厚度 $\delta_1 = 0.07\text{mm}$，机翼后缘的厚度为 $\delta_2 = 0.09\text{mm}$。这种薄边的结构在实际加工难以实现。为了加工方便，需要将操纵面后缘的薄边进行局部加厚设计。

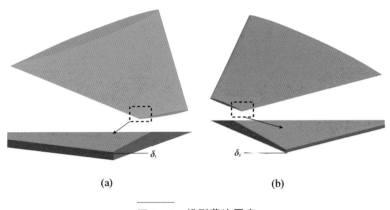

图 2 - 4　**模型薄边厚度**

（a）平尾后缘；（b）机翼后缘。

目前增材制造技术的加工精度通常为 ±0.1mm，其分层厚度为 0.05～0.1mm。如果模型的操纵面薄边尺寸小于 0.1mm，薄边在成形时容易不完整或缺失，影响模型操纵面的外形尺寸精度，进而影响模型的气动特性。

操纵面的薄边局部加厚如图 2 - 5 所示，为了不影响操纵面的整体外形，偏移段在后缘最后 2～3mm 处为宜。设计人员可将后缘沿中心线向外偏移 0.1mm，使后缘薄边的厚度大于 0.2mm。

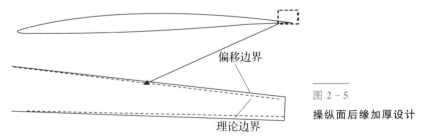

图 2 - 5

操纵面后缘加厚设计

2.1.3　基准刻线设计

飞机模型在总装完成后，为了测量和调整模型的位置精度与角度，需要在模型上做出刻线。以下是模型的刻线要求[31]：

（1）机身的水平基准线。

（2）机身参考面（机身对称面）与机身的交线。

（3）翼弦平面与机翼，其他翼面前缘和侧缘的交线。

（4）外挂物的中心线及其在机翼、机身上的位置线。

（5）刻线宽度小于 0.2mm，深度小于 0.2mm。

金属模型的刻线需要在模型外形加工完成后进行，加工难度大，加工时间长。增材制造技术具有加工复杂结构可一次成形完成的优势，支持模型外形部件和模型刻线同时成形，如图 2-6 所示。

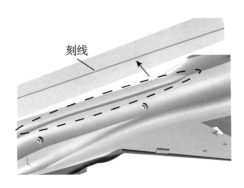

刻线

图 2-6

飞机基准刻线设计

2.2 风洞试验模型的活动操纵面设计

2.2.1 模型操纵面设计概况

如果试验大纲规定测定各舵面的效率，则需模型上的襟翼、副翼、方向舵、升降舵或平尾等操纵面在所要求的范围内偏转，且各操纵面转轴的相对位置应与原型相同。为了实现操纵面的偏转，允许模型操纵机构某些不模拟原型的小部件暴露在气流中。操纵面操纵机构改变偏角的操作，既要方便，又要准确，且要保证在试验过程中，各操纵面偏角不因空气动力的作用而变化。风洞试验模型操纵面的技术要求包括[2]：

（1）外形精确。操纵面按照几何相似要求设计，其角度偏转调整机构可根据需要设计。

（2）转角可调。操纵面可以在一定角度范围内实现偏转，其偏转角度要精准。

（3）结构牢靠。连接结构要具备足够的刚度和强度，保证各操纵面偏角在试验过程中不因空气动力的作用而变化。

（4）拆装方便。连接结构应该拆装方便。对于重复使用的结构，其配合面需要保持耐久性。

传统的金属模型一般采用转轴销钉和变角片两种定位形式。图 2-7(a)是方向舵的偏转方式示意图。由于没有足够的结构空间来安装和固定转轴，不同角度的方向舵用不同的方向舵模型。模拟试验时，安装不同的方向舵模型来改变方向舵偏角。这种偏转方式还可以应用在前襟、副翼、后襟等结构。图 2-7(b) 是偏转平尾的结构方式示意图，销钉孔的配合能使一副平尾满足不同角度的平尾偏转。树脂－金属复合模型的操纵面设计也参照上述两种方案，但是需要对其进行优化调整，以保证树脂材料操纵面结构的连接强度能满足试验要求。同时，增材制造复杂结构一体化成形的优势，有助于实现操纵面及其偏转机构的整体制造，而这是传统加工方法准以完成的。

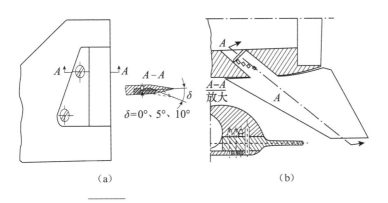

图 2-7　风洞试验模型操纵面的结构形式

(a) 偏转方向舵结构形式；(b) 偏转平尾结构形式。

对于尺寸较大的模型，操纵面可用变角片、定位板、定位销和夹紧铰链等方式定位，如图 2-8～图 2-11 所示。各种连接定位方法的优缺点对比如表 2-1 所示。其中，变角片是常用的定位方式。根据试验大纲，一系列变角片被预先加工完成，分别安装于模型上用以实现操纵面偏角。如果在试验过程中需增加偏转角度的话，临时新加工变角片能很容易满足该要求。采用变角片实现不同的舵面偏角，模型加工比较费时，改变舵面偏角的安装过程也比较烦琐。但这种方式模型表面干净，连接可靠，角度重复定位精度高。

对于尺寸较小的模型，由于其操纵面很小，操纵面上的空气动力载荷也很小，以上舵面操纵机构很难适用。这时，可利用轴孔的过渡配合来实现舵面偏角的调整。采用这种方式时，标准角度样板应同时加工出来，用以精确测量标定操纵面的偏角。

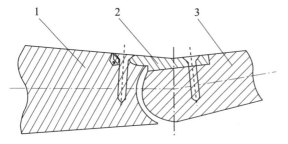

图 2 - 8

用变角片实现舵面偏角

1—翼面；2—变角片；3—操纵面。

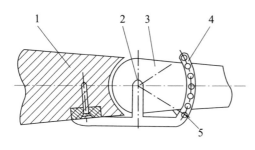

图 2 - 9

用定位板实现舵面偏角

1—翼面；2—转轴；3—操纵面；
4—定位板；5—定位销。

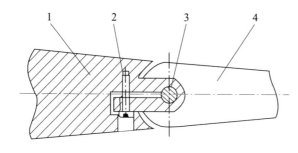

图 2 - 10

用夹紧铰链实现舵面偏角

1—翼面；2—夹紧螺钉；
3—转轴；4—操纵面。

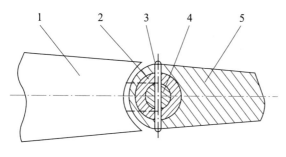

图 2 - 11

用定位销实现舵面偏角

1—翼面；2—轴套；3—定位销；
4—转轴；5—操纵面。

表 2 - 1　舵面偏角定位方法的优缺点对比

舵面偏转方式	优点	缺点
变角片	模型表面干净，连接可靠角度重复定位精度高	模型加工较费时改变偏角较烦琐
定位板	定位较准确，变角方便	对气流有干扰
夹紧铰链（一般不推荐采用）	翼面加工连续	角度样板容易出现松动，结构容易损坏
定位销	方便可靠	制造较复杂

2.2.2　适用增材制造的变角片设计

在基于光固化成形工艺的模型制造方法中，模型及其组件不存在结构复杂程度限制问题，可使数控加工时需要分割处理的组件实现整体打印。这为操纵面模型的设计和制造提供了新的可能。

1. 变角片与操纵面一体化成形

如图 2 - 12 所示，在小尺寸的操纵面部件中，因操纵面没有足够的厚度安装金属变角片，可采用变角片与操纵面一体化方案。纯树脂的操纵面结构减少了装配环节，装配精度高。但是，该方案需加工多组增材制造操纵面，增加了周期和成本，当采用光固化树脂材制时，操纵面与主机翼的连接强度较低，不能承受过大的载荷。

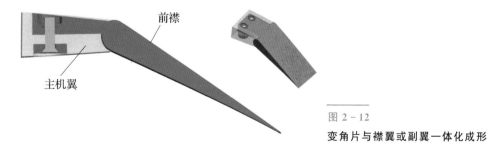

前襟

主机翼

图 2 - 12

变角片与襟翼或副翼一体化成形

2. 变角片与操纵面单独成形

如图 2 - 13(a)所示，在大尺寸的操纵面部件中，操纵面有足够的厚度安装金属变角片，可以通过安装不同角度的变角片实现操纵面的偏转。因此只用一个增材制造操纵面就可满足多个偏转角度的试验要求。而且，若采用光固化快速成形工艺加工的树脂操纵面固定在变角片上的连接强度高，能提高操纵面的稳定性。但是数控铣削加工的金属变角片不能完全满足模型的气动外形，一般要用腻子对外形进行修补，同时由于采用二次装配，为保证操纵面的装配精度，需要严格控制金属变角片及树脂操纵面的制造精度。

如图 2-13(b)所示，在大尺寸的模型中，可以将金属骨架扩展到金属变角片的部位，通过将金属变角片连接在金属骨架上，能最大化提高操纵面的连接强度，保证操纵面在较大的气动载荷下保持准确的偏角。

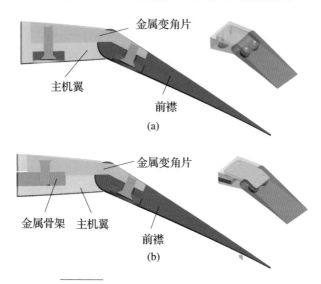

图 2-13　变角片与襟翼或副翼单独成形

(a)变角片安装在树脂机身上；(b)变角片安装在金属骨架上。

表 2-2　两种变角片与襟翼或副翼连接方案的优缺点

变角片与襟翼或副翼连接结构	优点	缺点
变角片与襟翼或副翼一体化制造	一级装配，精度较高	耗费树脂，成本高，连接强度低
变角片与襟翼或副翼单独成形	连接强度高，节省树脂材料	二级装配，影响精度；金属变角片加工费时，与树脂表面修配流线不方便
变角片安装在金属骨架上		

分析上述两种设计方案，可以得到两种方案各自的优缺点，如表 2-2 所示。模型尺寸小、试验载荷较小时，可采用变角片与操纵面一体化制造；模型尺寸较大、操纵面变化角度多、试验载荷大时，可以采用变角片与操纵面单独成形的方法。

　　如某型飞机低速风洞试验模型因结构尺寸较大，模型的前襟、后襟、副翼及方向舵采用变角片与操纵面单独成形的方式，如图 2-14 所示。变角片一般设计在操纵面的中心位置。如果操纵面较大，可以采用多个变角片变固定连接。本模型的前襟采用两个变角片固定连接，为了提高操纵面的连接强度，将前襟、后襟及副翼的变角片固定在金属机翼骨架上。

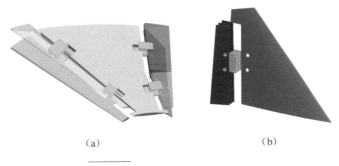

（a）　　　　　　　　　　　　　　　（b）

图 2-14　变角片操纵面设计效果

（a）机翼操纵面设计；（b）垂尾方向舵设计。

　　当操纵面的偏转轴线不在操纵面两端弦面的中心连线上时，操纵面在偏转后会产生位置偏移，与主机翼连接时有较大的缝隙甚至产生干涉。在此情况下，为实现不同的偏转角度，除更换变角片外，还需同时更换不同操纵面。不同角度的偏转需要用不同角度的前襟部件实现。如本模型的前襟，偏转轴线在其下表面上，因此在两组舵面偏转中设计两组圆弧过渡前襟以减小装配中的缝隙。表 2-3 所示为适用变角片形式的操纵面零部件组成。

表 2-3　适用变角片形式的操纵面零部件组成

	前襟	后襟	副翼	方向舵
树脂	左 0°、24°	左、右 1 套	左、右 1 套	1 套
	右 0°、24°			
变角片	左 0°、24°	左 0°、25°	左 0°、-15°、-25°	0°、15°、25°
	右 0°、24°	右 0°、25°	右 0°、15°、25°	

2.2.3　适用增材制造的转轴销钉设计

　　利用光固化成形工艺的加工优势，模型的外形及操纵面部件采用树脂材料；主要的偏转定位及承载部件，如固定基座，旋转轴采用金属材料。基座固定连接在树脂外形中，旋转轴固定连接在树脂操纵面中，基座与旋转轴装配时通过销钉孔固定，如图 2-15 所示。

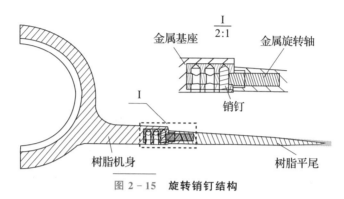

图 2-15 旋转销钉结构

基座作为主要的承载部件，其安装固定的方式决定了整个偏转结构的可靠性，主要采取以下两种安装方式。

(1)基座与金属骨架连接。这种方案定位方便，安装简单，由于基座与金属骨架连接，整个金属骨架作为受力承载件，其连接强度高，保证操纵面偏角在试验过程中不因空气动力的作用而变化。但是这样也增加了金属骨架的设计难度，增加树脂外壳部件安装难度。

(2)基座嵌入树脂部件后用黏结剂固定。这种方案的连接强度是设计关键，为了增加树脂与金属之间的黏结性能，基座应尽量设计的大一些，尽量加大 L、B 和 H 的尺寸，增加金属与金属的接触面积，基座四周表面滚网格，增加胶体与表面的镶嵌作用以增强黏接性能。同时保证树脂的壁厚 δ 在 5mm 以上，避免壁厚较薄，在较大载荷下破裂，如图 2-16 所示。

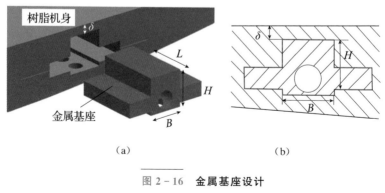

图 2-16 金属基座设计

(a)树脂机身与金属基座；(b)剖面图。

旋转轴部件同样嵌入操纵面后用胶黏剂固定。像平尾的弦面偏平，很难有空间使旋转轴插入较深的位置，而且旋转轴相对平尾所占的体积和面积都较小，不能承受太大的载荷，因此在旋转轴两侧设计加强肋板，增大受力面积，如图 2 – 17 所示。

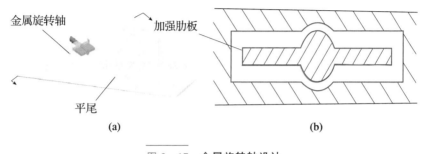

图 2 – 17　**金属旋转轴设计**

（a）树脂平尾与金属旋转轴；（b）剖面图。

本模型的平尾部件离机尾骨架较远，基座与骨架连接设计困难，因此采用基座嵌入树脂部件后用胶黏剂固定的方案，如图 2 – 18 所示。表 2 – 4 所示为旋转销钉形式的操纵面零部件组成。

图 2 – 18

平尾设计效果

表 2 – 4　**旋转销钉形式的操纵面零部件组成**

	平尾
树脂	左、右 1 套
金属	左、右金属基座，左、右金属旋转轴

2.2.4　增材制造舵面连接设计

模型分割设计需要考虑加工的可行性，在数控加工时，为了制造的方便，常将机翼、襟翼和变角片等单独加工，通过更换不同偏角的变角片来实现操纵面的偏转。在增材制造的模式中，模型的复杂程度受限问题得到缓解。数控加工时需要分割而实际上没有必要的模型可用增材制造的方法整体成形。如在需要的情况下，可以将变角片与襟翼一体化制造。襟翼连接方案优缺点对比如表2-5所示。

表2-5　襟翼连接方案优缺点对比

襟翼连接结构	材料	优点	缺点	
变角片与襟翼一体化制造（适用于小尺寸部件）	纯树脂	一级装配，精度较高	耗费树脂，成本高连接强度低	
变角片与襟翼单独成形（适用于大尺寸部件）	纯树脂	简单方便	节省树脂材料	强度低
	金属加工	连接强度高，精度高		加工费时，与树脂表面修配流线不方便
	树脂－金属复合	金属定位面精度高，强度较高，可重复使用		制造复杂

（1）变角片与襟翼一体化成形：适用于小尺寸部件，需要制造大量的可更换襟翼，且每个襟翼对应一定的偏角，因而树脂使用量较大、成本较高，但仅有一级装配，装配精度比较高。

（2）变角片与襟翼单独成形：适用于大尺寸部件，襟翼的位置角通过不同偏角的各个变角片来调节，二级装配，影响装配精度，但节省了树脂材料的使用。变角片材料可分为树脂、树脂－金属复合、金属三种形式。

纯树脂变角片完全由树脂成形，可通过固化套筒用螺钉与变角片装配孔过盈配合，变角片需留出0.5mm的配合余量，施加外力破坏变角片孔径大小旋合装配，此方法变角片不能重复使用，应制备多个角片以满足使用需求。传统的金属加工方法有很好的加工精度和连接强度，但加工费时，且不便于与树脂外形面修配流线。

树脂－金属复合变角片的设计分割成上、下两部分，如图2-19所示。与弦平面贴合部分采用金属材料，外形规则设计，方便加工；与飞机翼面配合部分采用树脂快速成形方法加工，树脂外形易于修磨，方便与翼面修配流线。金属与树脂黏接成变角片整体，可通过改变黏接面的粗糙度增加黏接强度，同时采用金属设置通孔结合树脂设置凸台的方式完成上、下部分的黏接定位。

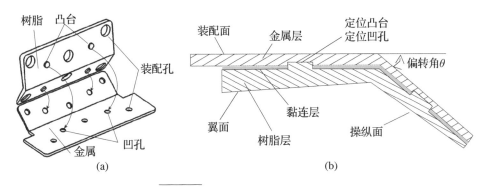

图 2 - 19　树脂 - 金属复合变角片

(a)变角片连接定位示意图；(b)复合变角片剖面图。

以上方法采用了传统的变角片形式，只将变角片放在机翼弦平面的一侧，且把部分翼面划入了变角片，会对外形面产生一定的影响。由于增材制造技术不支持在机翼薄型部位加工深槽，本书设计了图 2 - 20 所示的装配结构，将变角片置于弦平面中间，保持机翼外形连续完整，形成插槽式的连接，并用销钉进行装配连接，也需要对连接部位进行金属强化。

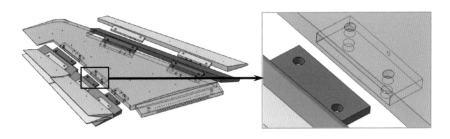

图 2 - 20　内置式角度偏转方法

2.2.5　树脂装配部位的增强方法

由于树脂材料的脆性和易磨损的缺点，可在装配部位镶嵌金属件，克服树脂的脆性，改善连接强度并能保证各部件的重复使用而不损坏连接面。金属嵌件用螺钉等连接，因而还需要保证装配时孔的同轴度，避免螺纹连接时产生严重的倾斜或错位，因此拟采用如下两种装配孔的定位方法。

1)辅助定位方法

如图 2 - 21 所示，连接孔轴线方向垂直弦平面，因而以弦平面作为套筒和模板的轴向定位面，以变角片的安装边界面辅助模板的孔位来确定套筒的径向位置。将定位模板与树脂模型弦平面、变角片安装边界面贴合，模板定位孔数控加工而成，装入销钉、套上套筒来确定连接套筒的径向方向。套筒最大长度应不高于黏接孔所在的飞机翼面，防止对翼面形状造成影响，而后在销钉上插入轴套，可对胶黏剂流入套筒沉孔起预防作用。套筒外表面滚网纹，加大胶体与表面的镶嵌作用，以增强黏接性能；套筒外表面与黏接孔的间隙取为1～3mm，为了方便黏性树脂的注射流动或对光敏树脂进行充分的紫外光照射，而同时还要保证黏接强度，可根据黏接孔的高度调节连接间隙。

2）直接定位方法

如图 2-22 所示，以增材制造模型自身的阶梯孔面作为定位基准，直接将金属套筒涂上胶黏剂后压入定位孔，因此在非定位面处需留出一定的间隙便于胶黏剂的固化连接。

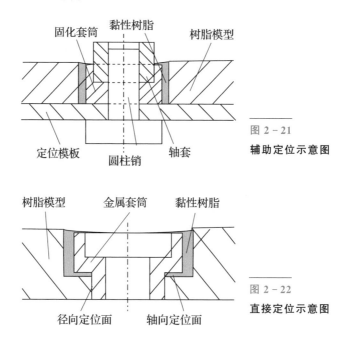

图 2-21
辅助定位示意图

图 2-22
直接定位示意图

2.3 风洞试验模型的分割和连接设计

风洞试验模型向大型化、整体化方向发展，而增材制造设备加工尺寸范围却有限(如西安交通大学的 SPS600B 型光固化快速成形机的最大加工尺寸为

600mm×600mm×450mm）。对于一些尺寸较大的模型零件，快速成形机无法一次加工完成，这就需要将大零件分割成若干个较小的子零件分别加工，最后再黏接或装配成为一个整体。另外，由于不同模型部分具有不同的外形特性，沿一个方向成形时很难保证模型的各个部分都达到较高的精度或形成较均匀的误差。如果对零件进行合理分割，可根据需要分别优化成形工艺，从而提高模型的整体制造精度。

2.3.1　风洞试验模型的分割设计

模型在设计时，应结合试验大纲所规定的试验内容及增材制造设备的加工范围，将模型进行适当拆分。合理的模型分割，使零部件的加工工艺性能良好，能降低制造成本，提高制造精度；同时使零部件定位准确，连接可靠，拆卸方便。

1. 分割原则

风洞试验模型的分割首先是面向测试要求的分割。模型设计时，应根据试验大纲所规定的内容将模型分解成零部件。分解零部件要求合理、拆卸方便；零部件连接可靠、定位准确；零部件工艺性好、制造费用低；零部件互换性好，采用不同的装配形式能满足试验各种要求。例如，在飞机选型试验中，模型除了能用于测量全机的空气动力学特性外，还要求测量各部件对空气动力学的贡献。因此，应使模型各部件(如机翼、机身、尾翼、起落架、外托物等)可方便地拆卸和组装。在做单独部件试验时，要求各部件本身能保持光滑的空气动力外形；做全机试验时又能方便地安装，并能保证零部件的重复定位精度；当进行无机翼的试验时，可将机翼拆下来，装上一个机翼堵块，使机身表面保持外形光滑。

在确定模型结构时，还应考虑模型在风洞中的支撑方式、模型与风洞设备的配合要求等。如尽量在测压模型内腔布置扫描阀的安装位置和空间，从模型上拉出的测压管、线缆、管路应从绕流干扰小的位置引出。对于一些特种试验模型，如带动力试验中动力电机及水冷管道，动力线缆的布局安排，特殊测量仪器(热线风速仪、加速度传感器、实际迎角传感器等)的安装协调，吹气或喷流试验的高压气管路等，在模型设计时均需留有合适的空间或做合理的敷设。因此，为避免仪器对飞机吹风流场的影响，并方便各种传感器的安装和管路系统的敷设，飞机风洞试验模型也需分体加工。

风洞试验模型应减少分割数量，以降低装配误差的影响，一套典型的模型结构大致分割为以下几部分：

（1）机身部分：是模型的承力部件，机身内有主要的受力构件，由于机身较为细长，要采用分段结构，根据需要一般由2～4段组成。

（2）翼面部分：是模型的承力部件，包括机翼、水平尾翼、垂直尾翼、弹翼等。

（3）活动操纵面部分：包括机翼前后缘襟翼、副翼、升降舵、方向舵、角度片、铰链机构等。

（4）动力及通气管路：包括唇口装置、通气管路、发动机舱、喷管和喷口等。

（5）连接与支撑装置：主要有与风洞连接的支杆、天平等部件。

2. 分割数量与分割位置的选择

根据风洞试验模型的试验要求、精度要求等，结合增材制造设备工作范围来确定子模型分割的数目，从整体上进行分块布局。子模型的装配不可避免地会带来一定程度的精度损失，因此应该尽量避免不必要的分割，使子模型的数目尽可能少。

在成形参数一定时，子模型的变形主要由子模型的结构和成形方向决定，因此具体分割时就要考虑好子模型的制造方向。对于大型零件的分割成形，为了保证同一条分割线两侧变形量相同和变形方向一致，相邻两子模型成形时应尽量保证分割断面空间方向一致，以减小装配后的总体变形量。为了减小子模型的变形，还应尽量使分割后的子模型结构在成形时具有变形量小或以 Z 方向变形为主的易于控制的截面，如优先使用非细长截面、环状截面等。分割截面的大小应适中，不宜过大，尽可能选在形状比较规则或是尺寸要求不太严格的地方，否则平面的平整度将难以保证，不利于子模型的装配和黏接；也不宜太小，尽量避免在薄壁处切割，否则定位结构将无处添加，同时也影响零件的装配强度。

模型制造时的变形与模型的尺寸大小有关系，因而具体分割时还要考虑子模型的尺寸分配。如图 2-23 所示，子模型 1 沿公共分割线的变形与子模型 2、3 沿该线的变形不同，子模型 2、3 沿另一条分割线也有变形，故最终在这条分割线上难以顺利拼接。所以分割时子模型尺寸应相同或相近，避免一条分割线上少对多的拼接情况出现。

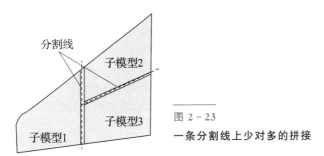

图 2 - 23
一条分割线上少对多的拼接

以曲面为主的模型，由于子模型制造时的变形不但有 Z 方向的翘曲，还有 XOY 面内的变形，这种变形一般表现为减小弧线曲率，使之趋向平直，在弧长相差不大的情况下，曲率大的弧线变形量较大。具体模型的截面类型一般为不同曲率的弧线的组合，分割线两侧的局部变形对装配和装配后的变形有很大影响，如图 2 - 24 所示，可见局部曲率的改变可能引起装配后的很大变形。为了顺利装配和减小装配后的总体变形，分割线应该尽量选择在型面的曲率较小处。飞机风洞试验模型表面为曲面，流线型面不复杂且突变少，可按照曲率变化适当的分割。

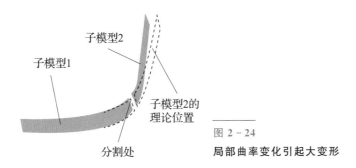

图 2 - 24
局部曲率变化引起大变形

3. 分割设计举例

某飞机试验模型机身长 $L = 1420\text{mm}$，翼展 $b = 850\text{mm}$，按照试验大纲要求，进行前襟、副翼、后襟、方向舵及平尾的效率试验。因此模型的前襟、副翼、后襟、方向舵及平尾部件应与机身模型分离，设计成可拆卸组装的结构；根据增材制造设备的加工范围限制，模型主要分为机头、前机身、左机翼、右机翼及机尾等五部分；为了减少小部件的单独制造、装配环节，降低模型的装配误差,设计中将进气口堵块与机头一体成形,机炮与前机身一体成形,尾翼、腹鳍与机尾一体成形。如图 2-25 所示,模型的树脂部件最终拆分为 14 个部分(对称部分图中标注省略,挂弹不计入拆分)。

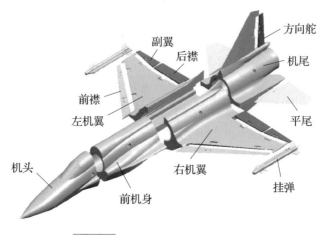

图 2-25　模型的树脂部件拆分效果

4. 装配辅助结构的设计

分割时应考虑好装配方式,与面向测试的装配不同的是,这里考虑的模型分割在装配后不再要求可拆卸。直接采用胶黏剂进行黏接,还要在模型装配截面间切出一定的黏接间隙。同时模型要求满足装配后的连接强度,可在允许再设计的部位设计出安装槽,将金属加强板嵌入安装槽黏接起来,同样也要为加强板和安装槽之间预留一定的黏接间隙。另外,装配时还需要定位结构,如凸台、凹孔等,通过定位结构辅助模型精确装配。定位的结构形式常用方形或圆形,为了保证较好的定位方式以及满足黏接后的强度要求,可切成如图 2-26 所示的定位台阶和定位槽的形式,分割线上的定位台阶大小和数量与子模型尺寸和分割线长度有关,但一条分割线上的定位台阶数目不宜太多,以 2~4 个为宜,过多时反而可能引起装配困难。另外,由于增材制造设备加工精度的影响,凸台与凹孔之间最好有一定的间隙,根据经验通常取 0.1~0.2mm 为宜,以免拼接时发生过盈配合。同时考虑为黏接层留出的间隙,凸台的长度也应稍大于定位孔的深度,一般为 1~2mm。定位结构的添加最好结合成形方向,使得定位面无台阶效应,形成较好的成形平面。

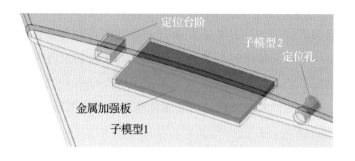

图 2 - 26　分割装配的定位结构设计

　　大型风洞试验模型的分割是一个围绕增材制造的变形问题不断进行优化的过程。从整体上把握分块的数目，结合精度要求确定模型的制造方向，再选择合理的分割位置，设计装配辅助结构。子模型制造前，按照预先考虑的制造方向添加支撑，支撑应该较好地抑制变形，特别要保证定位结构处的成形质量。若分割方案不满足成型要求则进行相应的修改，以优化制造变形。

2.3.2　风洞试验模型的连接设计

1. 树脂－金属连接

　　树脂部件与内嵌金件的连接，主要用于提高模型机械性能的复合强化方案，要求简化加工（特别是金属件）、定位准确和牢靠。树脂部件与金属骨架的装配方式主要采用两种方法。

　　1）树脂部件直接使用胶黏剂黏结在金属骨架表面

　　此种装配主要运用在不需要拆卸的树脂部件，只要把胶黏剂均匀涂抹在金属件表面，再将金属件插入树脂部件中，胶黏剂凝固后，即装配连接好。由于树脂部件不能拆卸，树脂部件必须一次安装成功，因此对模型的加工精度要求较高。

　　2）树脂部件用紧固螺钉固定在金属骨架表面

　　此种装配方式的树脂部件可重复拆卸，由于树脂材料的脆性和易磨损的缺点，螺钉可能会挤压磨损树脂件，影响连接面质量及连接强度。为克服上述缺陷并能保证各部件的重复使用，研究了如下两种方案。

（1）装配部位嵌入金属件。如图 2-27 所示，在树脂部件中设计孔径及定位台阶，将金属嵌件插入孔径中，并通过胶黏剂固定在树脂部件中。在制造金属嵌件时，可以在金属嵌件外表面滚网纹，增大胶黏剂与金属嵌件的表面作用以增强黏接性能。由于金属嵌件主要用于承受螺钉的紧固力，为避免螺纹连接时产生严重的倾斜或错位，需要保证装配时孔的同轴度。

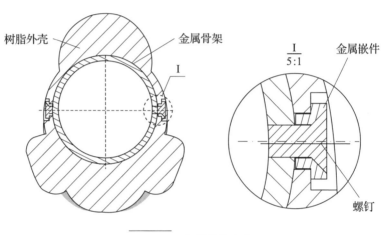

图 2-27　金属嵌件方案

（2）装配部位添加金属垫片。如图 2-28 所示，在树脂装配部位设计凹台，将垫片放入凹台中承载螺钉紧固力。这种方案要求树脂台阶有一定厚度，能够承受较大的载荷，同时凹台深度保证垫片和螺钉不外露。

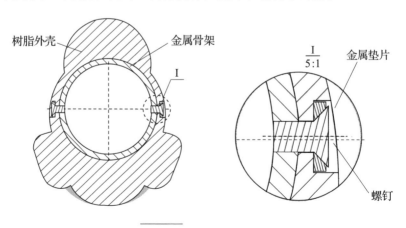

图 2-28　金属垫片方案

两种方案优缺点如表 2-6 所示，金属嵌件的优点在于适用于任何装配部位，但装配复杂，装配前要打磨黏接孔，以除去表面杂质；装配时要保证孔的同轴度，防止胶黏剂溢出、凹凸不平等原因对飞机外形特征造成影响；快速成形的孔径与设计直径会存在一定差距，因此存在金属套筒不能恰当地安装定位的缺陷，若实际树脂的孔径比金属的大，则径向偏移误差大；若实际树脂的孔径比金属的小，则需要对树脂孔进行修磨扩孔，也可能对定位误差存在影响。垫片的优点在于装配方便、快速，对孔径、凹台的成形精度要求不高，但该方案对树脂台阶的厚度有一定的要求。如果台阶厚度太小，则不能够承受较大的载荷，台阶容易破碎或磨穿，起不到螺钉紧固作用；同时凹台深度不能太浅，以免垫片和螺钉外露，破坏模型的外形特征。

表 2-6　螺钉紧固方案优缺点

螺钉紧固方案	优点	缺点
金属嵌件	适用于任何装配部位	加工要求高 装配烦琐，速度慢
金属垫片	装配方便，快速	对装配部位一定厚度要求

综上所述，考虑到简化模型装配环节，只要能保证装配部位的树脂厚度，可选择添加垫片的方案。

2. 树脂－树脂连接

树脂部件之间的连接，主要包括满足试验要求的拆分以及满足增材制造设备加工范围要求和提高关键部件成形精度的拆分，要求对应接缝吻合良好，不影响气动外形。树脂部件间的连接可以分为以下两种方案。

(1)胶黏剂连接。此方案主要用于非结构载荷和轻载荷的树脂部件以及不需要拆卸的树脂部件。在需要连接的树脂部件使用胶黏剂，同时可以在装配面之间设计凸台等结构，增大胶黏剂与树脂部件的接触表面，提高黏接性能。由于快速成形的加工误差，树脂装配面之间可能存在一定间隙，此时可以通过添加树脂进行二次光固化修补，如图 2-29 所示。

(2)金属增强嵌件连接。此方案主要用于较大载荷的树脂部件以及不方便安装到金属骨架上的树脂部件。在较大的载荷情况下，仅靠胶黏剂连接的树脂部件容易产生断裂。因此可以考虑在树脂部件之间增加金属增强嵌件，通过胶黏剂将金属增强嵌件与树脂部件连接，提高树脂部件间的连接强度，如图 2 – 30 所示。

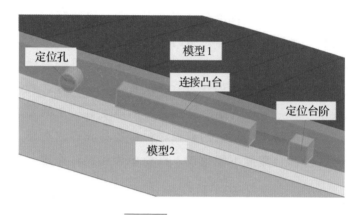

图 2 – 29   胶黏剂连接

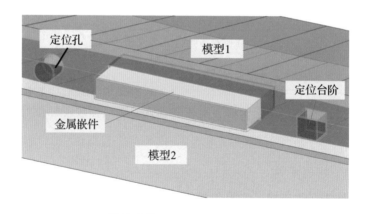

图 2 – 30   金属增强嵌件连接

无论是树脂 – 金属连接还是树脂 – 树脂连接都需要考虑模型的装配定位，保证树脂部件和金属嵌件的安装位置正确。树脂材料由于易磨损，很难采用销钉定位的方式，因此可以设计凸台、凹孔、台阶等定位结构。定位结构的数目不宜过多，以免增加加工难度和装配难度。一般根据装配面的大小，取 2~4 个为宜。

树脂部件与金属嵌件装配时，要求两者的加工精度一致、装配精度好，其关键在于通过紧密连接，模型的主要载荷能够传递到金属件，保证树脂件的安全性，因此保证两者连接的紧密性和变形的协调是此类连接的关键。由于树脂材料特性及光固化成形工艺的加工特点，树脂部件在成形孔、槽等结构形状时容易收缩，部件的尺寸精度有一定的损失，容易在装配中产生过盈配合，使得树脂部件装配困难或装配不上。因此在装配设计中考虑以下两种措施来解决。

(1)在装配结构之间预留合理的装配间隙。根据一般的加工经验，树脂部件与金属嵌件装配，装配间隙通常取 0.2～0.3mm 为宜；如果树脂部件与金属嵌件需要使用胶黏剂，装配间隙通常取 0.4～0.5mm 为宜。

(2)采取图 2-31 所示的加工步骤，在模型设计中先制造金属件，根据反求结果修改树脂件，保证装配精度要求。

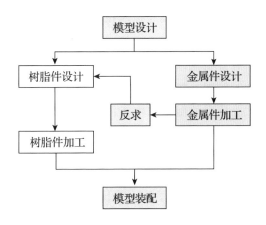

图 2-31　保证树脂-金属连接精度的技术方案

第 3 章
风洞试验模型的增材制造工艺基础

3.1 风洞试验模型设计与制造的关联性

在加工范围方面，现有的增材制造设备有加工尺寸的限制，不能制造尺寸较大的整机风洞试验模型或大尺寸风洞试验模型部件，需要对风洞试验模型进行分割设计。在精度特性方面，增材制造不受零件形状和结构的复杂程度限制，对于制造具有复杂流线外形和复杂内部结构的风洞试验模型具有很强的优势。但由于加工精度一般为 ±0.1mm，在一定程度上会造成微小特征的缺失，对于风洞试验模型的微细结构特征（如超薄翼尖和超微小深孔道）有一定的局限性，因而在满足气动外形和测试要求的前提下，可将风洞试验模型的设计修改为适合用增材制造加工的结构。另外，由于台阶效应会对风洞试验模型的气动外形精度产生较大的影响，应对风洞试验模型外形按不同的成型方向进行一定的补偿设计。在制造经济性方面，增材制造零件制造周期和制造成本与零件的形状和复杂度无关，而只与其净体积有关，可以根据 CAD 模型的体积预估制造成本和加工时间。对模型内部实体进行一定的挖空设计，从而减少增材制造时的树脂用量。为了保证模型强度和刚度，可在风洞试验模型内部填充其他低成本高性能材料。

3.2 风洞试验模型的增材制造流程

模型的树脂部件在西安交通大学机械制造系统工程国家重点实验室的 SPS600B 型光固化快速成形机上进行了加工，树脂材料选用 Somos® 14120。采用 Magics RP V10.0 软件进行光固化成形前的数据准备，包括树脂部件的成形方向选择、添加支撑设计以及布局设计。

3.2.1　数据前处理

1. 数据转化

目前，几乎所有类型的增材制造系统均采用 STL 数据格式，它是 CAD 系统与增材制造系统之间的数据交换标准，它将三维 CAD 模型连续的表面离散为三角形面片的几何表面，因此大大简化了三维 CAD 模型的数据格式。但是 STL 数据格式只是近似逼近三维 CAD 模型的外表面，小三角形面片的尺寸越小、数量越多，模型的近似逼近的精度越高。一般在三维 CAD 软件中输出 STL 文件时都要求输入精度参数，也就是用 STL 文件拟合原 CAD 模型的最大允许误差。但是对于曲面模型，不管怎么提高转化精度，小三角形面片也不能完全拟合曲面，特别是曲率半径越大，误差越明显。对于图 3-1 所示的圆柱体，如果精度参数设置有限，则导出数据会更接近棱柱体。

图 3-1

圆柱体的 STL 文件格式

由上可看出数据转化产生的误差是不可避免的，消除此类误差的根本办法是不通过 STL 文件转换，直接用 CAD 数据在增材制造系统中制造模型。但是目前为止尚未有技术能达到这一步，现有的途径是对 CAD 模型进行 STL 格式转换时，依靠经验设置适当的精度参数减小误差。飞机风洞试验模型大多是曲面，外形表面精度十分关键，因而从 CAD 到 STL 文件的数据设计有着重要影响。常用的直接另存为 STL 格式的文件输出方式并不可取，在很大程度上降低了成形件的精度要求。

本模型在三维 CAD 软件中设计，导出 STL 格式文件时可设置三角形公差。如图 3-2 所示为不同精度条件下的 STL 三角形面片划分效果。从图中可看出，如果设置的三角形公差较大，STL 数据的表面会出现明显的条纹，影响模型的表面精度，从而使成形精度降低；如果设置的三角形公差较小，

STL 数据的表面就越光滑，保证了模型的成形精度。但是在 CAD 软件输出 STL 格式文件时，并不是精度越高越好。这是由增材制造技术本身的特点决定其精度在 ±0.1mm 左右，过高的转换精度超出增材制造系统所能达到的精度指标。一般巨量的三角形面片会降低 Magics RP 10.0 软件的运行速度，处理模型面片的时间显著增加，同时巨量的三角形面片会使模型轮廓截面产生许多小线段，不利于光束的扫描运动，导致低的生产效率和表面不光洁。

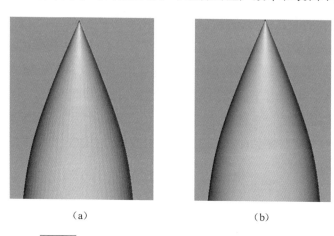

（a）　　　　　　　　　　（b）

图 3-2　不同的精度条件下的 STL 三角形面片划分

（a）精度为 1.0mm 的数据转换；（b）精度为 0.08mm 的数据转换。

风洞试验模型的气动外形面精度影响风洞试验数据的准确性，特别是机头尖端、前襟前缘，后襟、副翼后缘等曲面部位的成形精度尤为重要。较好的 STL 文件输出方法是将曲面和平面切分，对不同的型面选取不同的精度设置，将各型面三角划分后合并成统一的 STL 输出格式，既能保证零件数据精度又能尽量减小数据文件，提高后续数据处理的效率。

2. 偏移补偿

由于增材制造技术将三维实体离散成具有一定厚度的切层合集，因此模型分层不仅破坏了模型表面的连续性，也丢失了相邻切层之间的轮廓信息。分层的厚度即为离散后模型的分辨率，分层厚度越大，分辨率越低，模型丢失的数据越多，产生的误差越大。在模型成形过程中主要容易产生以下两种误差：

（1）分层误差。模型分层处理时，每层总有一定的厚度，设为 ΔT，模型沿切层方向的尺寸长度为 L，当 L 不能被 ΔT 整除时，模型将有一部分薄层不能成形，就会引起分层方向的尺寸误差。例如，一带有尖端的圆锥，如图 3-3 所示，如果按照分层厚度 Δt 进行分层处理，可以发现模型有一层薄层厚度 Δl 大于分层厚度 Δt，如果最后一层切片位于实体之内，即模型的薄层被丢失了，那么就会导致模型在切层方向减少了 Δl 的尺寸精度；如果最后一层切片位于实体之外，即模型的薄层被夸大表达，那么就会导致模型在切层方向增加了 $\Delta l - \Delta t$ 的尺寸精度。

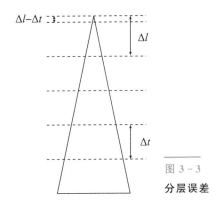

图 3-3

分层误差

（2）阶梯误差。模型分层时，模型的外形轮廓由上、下两个切层组成，由于上、下两切层的水平面轮廓并不相同，模型的曲面外形必然被柱面外形代替，如图 3-4 所示，在成形过程中必然会产生"阶梯效应"，使曲面精度明显降低，而造成形面精度误差。增材制造技术所产生的型面精度误差与实体表面的法向方向、曲率半径以及分层厚度有关，可以从减小分层厚度、优化制造方向等方面来提高制件的型面精度。但是飞机模型的外形复杂，尤其是飞机机翼部分，不同部件的精度要求也不相同，单一的成形方向不足以满足不同

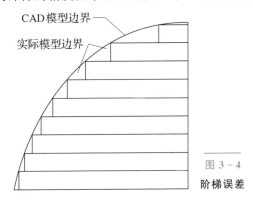

图 3-4

阶梯误差

表面的型面精度，因此可以针对不同部件结合不同的成形方向对部件进行偏移补偿设计。另外，树脂在成形过程中主要靠单体分子进行的聚合化学反应，树脂不可避免地产生体积收缩[35]，特别是与金属骨架配合的孔、槽等结构，收缩尺寸较大，因此也必须要对此类结构进行偏移补偿设计。在进行偏移补偿时应结合骨架实际尺寸，适当做细微调整。

例如，机头尖端，其薄尖部分很可能因增材制造技术的影响而造成加工特征的丢失，在成形过程中形成一定弧度的圆角，不仅改变了机头的外形特征，也使机头沿 *X* 轴的长度尺寸减小。因此在设计中将机头尖端部分的形貌特征向外偏移，不仅可以弥补增材制造技术的加工误差，还可以抵消模型后处理的修磨量。如图 3 - 5 所示，选取机头前端 5mm 段，向外偏移 0.2mm。

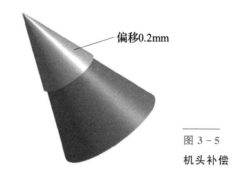

图 3 - 5

机头补偿

例如，机翼前襟，由于其翼型截面成 50°夹角，台阶效应致使前襟前缘在水平面方向上有一定的尺寸收缩。为了保证前缘的尺寸精度，在前缘处向外偏移 0.2mm，如图 3 - 6 所示。

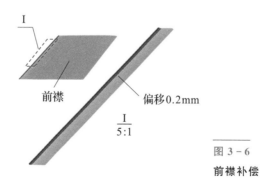

图 3 - 6

前襟补偿

例如，机头、前机身、左右机翼及机尾部件，其内径值与金属骨架外径值一般有 0.4mm 的间隙，由于金属骨架外径值略有减小，因此在树脂内径补

偿设计中取偏移量 $\delta_1 = 0.3\mathrm{mm}$，如图 3 - 7 所示。机翼部件与金属机翼骨架配合的平板结构存在细、长的特点，树脂收缩尺寸较大，并且不宜进行修磨处理扩充余量，因此在设计中保留较大的偏移余量，一般取 0.5mm。另外，机翼平板加工后不同板厚处的偏差也不同，因此树脂的偏差也要做相应调整，如图3 - 8所示。平板偏移量一般取 $\delta_2 = 0.25\mathrm{mm}$，平板上表面 6mm 板厚处偏移量取 $\delta_3 = 0.30\mathrm{mm}$，4mm 板厚处偏移量取 $\delta_4 = 0.35\mathrm{mm}$。

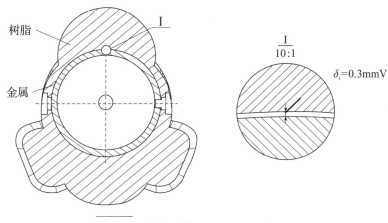

图 3 - 7　树脂机头 - 金属机头配合补偿

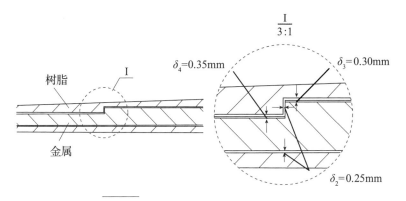

图 3 - 8　树脂机翼 - 金属机翼配合补偿

3.2.2　增材制造（3D 打印）工艺选择

1. 成形方向确定

在增材制造过程中，零件的成形方向对零件的成形精度有较大的影响[36]，特别是飞机模型对其表面的成形精度要求较高，为了尽量减少台阶效应对模型表面制造精度的影响，不同的部件要选择不同的成形方向。

图 3-9 所示为模型外形部件的加工示意图，机头、前机身、机翼及机尾的打印方向选择模型的纵轴线方向，这样可以保证模型外形曲面的制造精度，使机身外形流线一致，同时也保证了模型内轴孔的制造精度，保证了树脂机头、前机身、机翼及机尾与金属骨架的装配精度。

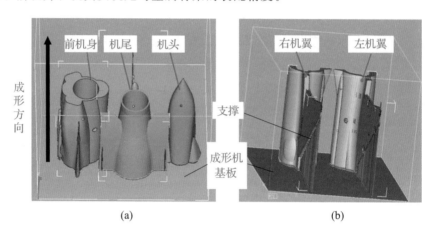

图 3-9　模型外形部件加工示意图
(a)机身成形；(b)左、右机翼成形。

图 3-10 所示为模型操纵面及挂弹部件的加工示意图。在测力模型中，操纵面的前、后缘是对气动性能产生较大影响的关键部位。因此前襟、副翼、后襟的成形方向选择模型机翼的翼展方向，平尾的成形方向选择模型平尾的翼展方向，方向舵的成形方向选择模型的垂尾方向，挂弹的成形方向选择竖立方向，可以最大限度地保证各操纵面边缘的外形精度。

2. 支撑结构设计

在光固化成形过程中，支撑结构可以认为是与原型零件同时制造的"工装夹具"，以便保证原型零件在制作时相对于加工系统的精确定位，同时零件中的孤立轮廓和悬臂轮廓也需要通过支撑结构定位。另外，为了使制件易于从工作台上分离开来，不损坏制件，必须在制件底层添加支撑。支撑可分为十字支撑（是一种最普遍的支撑方法，适用于一般特征及区域内部填充）、多边形支撑（具有较好的稳定性及强度）、斜支撑（适用悬臂结构的悬臂支撑）、手绘支撑（根据需要生成支撑）。支撑的设计原则如下：

（1）在保证成形精度和成形稳定性的前提下，尽量减少支撑添加面积。

（2）添加辅助支撑平衡收缩应力，减小零件变形。

（3）支撑应便于去除，降低零件表面的破损。

如图 3 - 10（a）所示，模型前襟、副翼、后襟、平尾及方向舵的支撑都选择在其装配面上，并且装配面均为平面，既保证了各操纵面边缘的外形精度，又方便对装配面后处理修配。特别是前襟这样又长又薄的部件，采用沿翼展竖立的成形方向加工制造时，由于树脂收缩应力的影响，前襟容易沿翼展产生拱形的变形，因此改变了模型的前缘外形特征。为了减少这类部件的加工变形，采用对称组合的布局方式，在部件容易产生变形或变形较大的部位添加辅助支撑。如图 3 - 10（b）所示，两个前襟部件对称布局，在变角片配合面之间添加辅助支撑，使两个加工部件组合成一个加工部件，相对增加了前襟的刚度，减少了部件的加工变形。

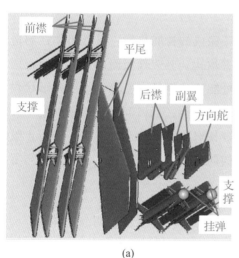

（a）

（b）

图 3 - 10

模型操纵面及挂弹
部件的加工示意图

（a）操纵面及挂弹成形；
（b）前襟成形。

3. 布局设计

增材制造技术相对于传统的机加工制造方法，制造模型时间可以减少很多。但是受增材制造方式及模型部件结构的影响，飞机模型的制造时间也需较长时间，较大部件的制造要几十个小时甚至几天时间。例如，光固化成形工艺的制造时间主要体现在激光扫描时间、刮板运动、托板升降及液面稳定辅助制造时间。在辅助时间内，并没有进行实际的部件制造，而且一个部件和多个部件的辅助时间基本相似，可以通过多个部件的同时制造降低制造时间[37]。飞机模型的外形精度要求很高，因此模型部件的成形方向经常选择切层数最大的方向，而层数的增多必然增大了整体制造时间。

因飞机模型的特殊性，在其制造时应以加工精度为首要目标、而以加工时长为次要目标来制定模型的分组及布局。飞机模型可划分为机身外形部分、机翼外形部分及操纵面部分等。在快速成形机允许的加工范围内，相似的模型部分最好组合在一起成形，采用相同的扫描速度、分层厚度等工艺参数，以形成相近的加工误差。如，某模型的树脂部件分三次制造，分别如下。

（1）机身外形部分：机头、前机身、机尾。

（2）机翼外形部分：左、右机翼。

（3）操纵面部分：左、右 0°前襟，左、右 24°前襟，左、右后襟，左、右副翼，左、右平尾，左、右挂弹及方向舵。

3.2.3　制造及后处理

图 3－11 所示为在快速成形机中加工完成的树脂机翼。树脂部件在制造完成后，需要从液态光敏树脂槽中升起并取出。其表面吸附的液态树脂，固化后不仅会破坏零件表面的粗糙度，还可能导致零件产生尺寸误差和形状误差。所以当零件制造完成升起托板后，应该等待一段时间再取出，以便零件表面吸附的液态树脂回流到树脂槽中。零件取出后必须及时清洗，以防止吸附的树脂在零件表面固化。用酒精清洗的同时用刀片等其他工具将支撑与零件剥离，之后进行打磨处理。

图 3－11

在快速成形机中加工完成的树脂机翼

3.2.4　模型检测

对于增材制造和装配完成的树脂部件，在经过缝隙填补（如腻子）、表面处理（如砂纸打磨）后，需检查其结构完整性与气动外形平顺性。对于要求较高的模型，还需检测其尺寸精度和表面粗糙度。

按照 GJB 180A—2006《低速风洞飞机模型设计准则》的要求[4]，机身的精度要求：

(1)机身头部表面与基准误差不大于 0.08mm；

(2)机身其他部分与基准误差不大于 0.1mm；

(3)长度：±1.0mm。

3.3　增材制造误差分析及补偿

风洞试验模型尤其需要保证气动外形，所以对表面误差有较高的要求。采用增材制造技术所存在的台阶效应和模型后处理会对表面质量有很大的影响。但在设计中，可对其进行一定的修正，以最大限度地降低相应的误差。因此，在面向增材制造技术的设计中，可针对台阶效应所引起的型面误差以及可预见的后处理误差做出相应的结构修正和设计补偿。

3.3.1　增材制造相关误差分析

1. 分层处理误差分析

由于增材制造是基于材料累加原理的制造方法，即将三维实体在材料累加方向上离散成有限数目具有厚度的切层。经过分层处理后，模型原来在分层方向上连续的表面被离散化了。分层的结果仅获得了每一层切片的轮廓信息及实体信息，而丢失了相邻两切层的外轮廓形面信息，是一种近似表达方法。分层的厚度表示了离散后所表达模型的分辨率，分层厚度越大，分辨率越低，所丢失的信息越多，成形过程产生的误差也越大。尤其是相对成形方向倾斜的表面以及曲面外形，由于台阶效应的存在，使曲面精度明显降低。另外，台阶效应也是引起后处理误差的一个因素。

目前在增材制造技术中，评价台阶效应程度指标一般有 ε 和 δ[24]。如

图 3-12 所示，ε 为层片堆积边界与 CAD 模型原始边界的最大距离；δ 为沿 CAD 模型的表面法向量方向测量出来的 CAD 模型原始边界与层片叠加实体边界的最大距离。ε 值能够较好地说明实体的体积误差，而 δ 值能较好地与实体的表面粗糙度相对应。设实体总层数为 n，则 $\max\sum\limits_{i=1}^{n}\varepsilon_i$、$\max\sum\limits_{i=1}^{n}\delta_i$ 分别表征了零件最大的体积误差和表面粗糙度。

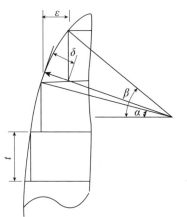

图 3-12

台阶效应误差示意图

假设风洞试验模型曲面在当前分层高度实体表面某一点的曲率半径为 R。由于分层厚度较小，为了方便，可近似地认为当前分层厚度之间的轮廓圆弧半径也等于 R。设该段圆弧起点处的法向量与堆积平面的夹角为 α，终点处的法向量与堆积平面的夹角为 β，分层厚度为 t，如图 3-12 所示，则

$$\sin\beta = \sin\alpha + t/R \tag{3-1}$$

$$\varepsilon = R\left[\cos\alpha - \sqrt{1-(\sin\alpha + t/R)^2}\right] \tag{3-2}$$

$$\delta = R - \sqrt{t^2 + R^2 - 2tR\sin\beta} \tag{3-3}$$

当 $\alpha = 0°$ 时，$\varepsilon = \delta = R\left[1 - \sqrt{1-(t/R)^2}\right]$，即两种误差评价指标完全一致。

当 $\beta = 90°$ 时，$\varepsilon = R\cos\alpha$，$\delta = R - \sqrt{(t-R)^2} = t$。即此时 CAD 模型表面与实体边界沿实体表面法向方向的最大距离就是分层厚度。

由此可见，增材制造技术所产生的型面精度误差与实体表面的法向方向、曲率半径以及分层厚度有关。

2. 后处理误差

从快速成形机上取出已成形的工件后，需要进行剥离支撑结构，有的还需要进行后固化、修补、打磨、抛光和表面处理等，这些工序统称为后处理。在此过程中若处理不当都会影响原型的尺寸及形状精度，产生后处理误差。后处理可分为以下两种。

（1）提高表面质量的后处理。工件成形完成后，不仅需要去除支撑，而且需要进行修补、打磨、抛光，例如处理制件表面不光滑，曲面上存在因分层制造引起的小台阶、小缺陷等。

（2）提高表面性能的后处理。制件的表面状况和机械强度等方面还不能完全满足最终产品的要求，且由于温度、湿度等环境状况的变化或成形残余应力的影响，工件可能会继续变形而导致误差。可通过表面涂覆改变制品表面颜色或提高其强度等性能。本书后续所述的电沉积制造也可看作是后处理工艺。

3.3.2　面向增材制造的偏移补偿设计

增材制造时不同的摆放角度会使模型上的不同位置形成不同的表面类型。向上水平面不会产生台阶效应，也不需要支撑；向下水平面不会产生台阶效应，但是此种面片的总面积越大，则需要的支撑的可能性越大或需要的支撑越多；向上倾斜面会产生台阶效应，不需要支撑；向下倾斜面会产生台阶效应，可能需要支撑，也可能不需要支撑，是否需要支撑取决于该面片周围的整体形状；垂直面不产生台阶效应，一般也不需要支撑；近似垂直面产生的台阶效应很小，一般也不需要支撑。

由于不同的表面有着不同的误差，向上倾斜面形成的台阶效应使得实际模型与理论模型相比呈现为固化材料的减少，即误差为负偏差；而向下倾斜面呈现固化材料的增加，即误差为正偏差。飞机风洞试验模型的外形通常为曲面设计，而表面质量对气动性能有很大影响，因此机翼的外形加工要保证较高的精度。一般增材制造单个零件时为了减少成形时间，将零件与水平面设置为10°～30°进行成形，如图3-13所示。在机翼设计时，一般翼弦面将外形分为上、下翼面，上、下表面呈现不同的误差方向，使得机翼整体型面发生偏差，且台阶效应误差较大，会增大后处理误差。因此，应对向上倾斜曲面进行一定的设计补偿。如图 3 - 14 所示，若机翼与水平面成 30°方向角成形，则曲面所在的位置法线方向与垂直方向所成的角度稍小于 30°，误差 δ 大约为 $0.8t$，对上表面偏移 $0.8t$ 后加工得到的模型在去除台阶效应后将接近于理论边界。

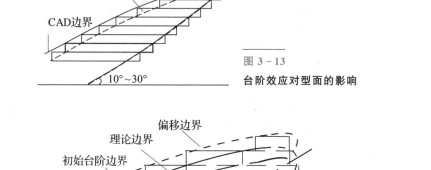

图 3 - 13

台阶效应对型面的影响

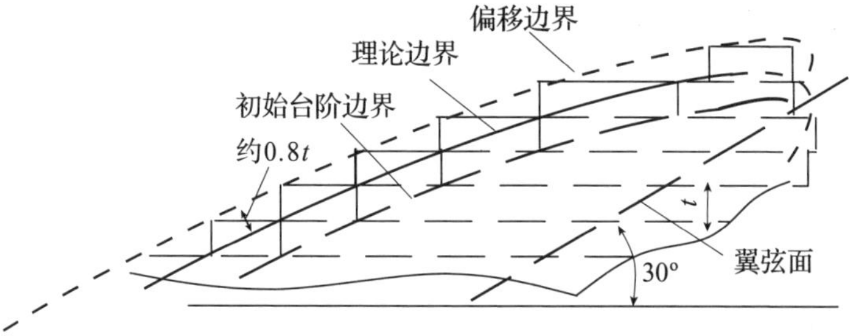

图 3 - 14

向上表面的偏移补偿

　　不同的模型类型及同一模型上的不同部分有不同的精度要求。一般高速飞机比低速飞机要求高；在同一飞机上机翼部件比机身类部件要求高；在同一部件上，最大截面前部比最大截面后部的要求高。可根据不同部位的准确度要求来分割或布置模型的成形方向，并结合不同的成形方向对风洞试验模型进行一定的补偿设计。如果在增材制造中沿着翼展方向进行加工，使机翼表面在增材制造时形成向上的近似垂直面，如图 3 - 15 所示，则可提高模型的曲面精度。另外，各关键表面的成形误差方向相同，都为负偏差，便于整体偏移补偿。但是在翼梢由于曲率方向由水平过渡到垂直的缘故，会产生较大的台阶效应。可将该部位局部放大，对切层轮廓进行相应的 ε 偏移，形成较好的误差补偿形式，其偏移补偿示意图如图 3 - 16 所示。若已经对整体模型进行偏移补偿设计，使模型总体趋于正偏差，可以在后处理工艺中适当控制曲率过渡部位的打磨量，以保证较好的曲面质量和型面精度。

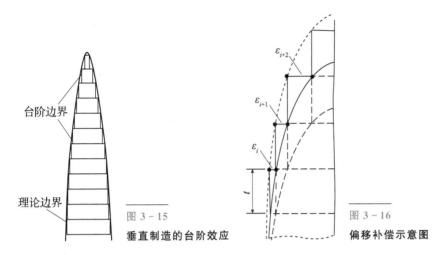

图 3 - 15
垂直制造的台阶效应

图 3 - 16
偏移补偿示意图

　　飞机风洞试验模型的机翼普遍存在薄翼尖特征甚至零厚度区域,其尾部薄尖部分很可能因增材制造工艺的影响而造成加工特征的丢失,或者翼尖形成锯齿状而不是成一直线。为了保持薄翼尖特征,偏移设计不能仅补偿台阶效应造成的误差,还应该增加一些补偿量用于修配翼尖形成的线性特征,因而需要将修正模型的翼尖切除到趋于理论线位置,保证修磨时的位置控制,如图3 - 17所示。

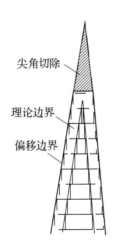

图 3 - 17
薄翼尖特征保持设计

　　在模型设计时可根据向上倾斜曲面的最大体积误差进行局部偏移补偿。由于后处理去除支撑以及台阶效应后仍需要打磨型面,可预留 0.1mm 左右的修磨量。各零件进行组装后还需要对外形面修配流线,因此仍需要预留 0.1mm 左右的修磨量。金属风洞试验模型一般预留 0.1mm 的余量,树脂模型的打磨比金属的更便于操作，可预留较大的修磨量使后处理时有较自由的操作余量。所以对于增材制造而言，曲面偏移补偿值取为 0.3～0.5mm。模型的补偿设计可以在风洞试验模型设计时就加以考虑，也可以对 CAD 型面进行设计或对转换格式后的 STL 风洞试验模型进行适当的编辑。

1. CAD 偏移设计

不同曲面的空间结构不同，曲面间的连接方式（点连续、斜率连续、曲率连续）也不相同。同时不同的厚度、不同的方向也会产生不同的偏移效果。因此，对 CAD 曲面进行偏移设计需采用不同的方法。面向快速成形制造的偏移补偿方向均沿曲率方向朝外，以补偿台阶效应造成的模型缺失，且偏移厚度很少，取为 0.3～0.5mm，因而直接对 CAD 模型进行修改的可行性很大。可以先把多个曲面片合并（join）成一个复合曲面，曲面之间必须是相接的，然后再一起增厚（thick surface）。若因为曲面片间存在一些缝隙、尖角、太小的过渡圆角引起增厚失败，可先检查一下曲面的质量，用 HA（healing assistant）功能对曲面进行针对性的修补后再增厚，也可对具有连续性较好的曲面组分别偏移后进行外推、修剪与缝合。风洞试验模型的型面组成一般是气动外形面和装配组合平面，可分别进行偏移补偿后，再进行布尔运算合成实体。

2. STL 偏移设计

若不修正 CAD 模型，则可操作 STL 模型进行偏移补偿设计。CAD 设计软件的 STL 快速成形模块提供了通过删除或重组三角形单元，填充孔以及整体或局部重新划分网格的功能来改进网格质量的高级工具。STL 常见的网络处理方式包括：通过对 CAD 数据划分网格来快速准确地生成 STL 文件；导入已有的 STL 文件，显示网格并分析其质量；微量偏置网格生成实体以及对网格分割与合并。生成的 STL 网格可导出为标准的二进制 STL 文件提供给增材制造设备。除此之外，也可以采用专用的增材制造前处理软件（如 Magics RP）来编辑 STL 文件以实现偏转设计。

3.3.3　面向电沉积的模型修正设计

1. 树脂模型电沉积制造的必要性

在通常情况下，风洞试验模型是从制造单位运输到试验单位进行试验的，风洞试验模型的使用要考虑模型的保管和运输。设计模型时必须设计相应的包装箱，包装箱的数量和体积根据模型可拆卸部件的具体情况决定。模型零部件的放置方式应尽量保证在保管和运输过程中零部件的变形最小，且为了防止在运输和搬运过程中损坏模型，对包装箱中的模型要采取防潮、防锈等措施。另外，模型经过长期使用后，其前端表面由于受空气中尘土微粒的冲击，可能会有些伤痕。

由于增材制造得到的树脂模型不导电、不导热、不耐磨、易变形、不耐污染以及缺乏金属光泽，在一定程度上限制了其使用范围。因而，可使用表面处理方法(如电沉积)来改善树脂模型的局限性。电沉积是在金属和非金属模型的表面通过电化学的方法使金属化合物还原为金属，并形成符合要求的平滑致密的金属层的过程。电沉积时可通过控制工艺条件(电镀时间、电流密度等)得到所需要的镀层厚度。在树脂上镀一层金属，可大幅提高其使用性能，一方面增加功能性，另一方面增加防护性。其主要优点如下：

(1)提高树脂模型表面的硬度、刚度、强度等性能。

(2)使树脂模型具有耐磨性、导电性及高温抗氧化性等，延长其使用寿命。

(3)使树脂模型对光和大气等外界因素有较高的稳定性，可防止老化。

(4)使树脂模型表面具有金属光泽，美观且不易污染。

2. 树脂电沉积的模型设计

需要电沉积的模型，形状越简单越好，模型的几何形状会对电镀质量产生很大的影响。因此模型设计时应注意如下一些问题[28]：

(1)要避免采用大面的平面。采用略带弧形的造型，表面设计成中心拱起的拱面。

(2)要避免直角和尖角。棱角部位容易局部电流密度增大，镀层增厚而容易造成结瘤现象。因此，方形的轮廓尽量改为曲线形轮廓，或用圆角过渡。

(3)不要有过深的盲孔。这些部位不仅电镀困难，而且容易残存溶液污染下道工序的溶液。深孔或非圆柱形深腔底部应设计成球形，其上开排泄小孔，使电镀液流通，有利于镀层均匀。狭窄而细长的孔洞应尽可能改成通孔，虽不一定能形成镀层，但便于电镀后的孔道清洗。

(4)厚度不应太薄，也不要有突变。太薄的零件在电镀过程中受热或受镀层应力的影响容易变形；厚度的突变容易造成应力集中，一般来说厚度差不应超过2倍。

(5)留有必要的电镀工艺孔。便于装卸导电的夹具，方便悬挂于镀槽阴极上，并有较大的导电接触面。装挂位置设计在不影响外观的部位，并注意防止薄壁零件变形。

飞机的形状特点就是流线的曲面外形，不利于电沉积的形状主要在于装配部位的边角、各操纵翼面的翼尖和测压模型上的测压微孔道。边角可以采用圆角过渡，翼尖部位和测压微孔道应结合工艺进行设计保留，以免影响气动性能。由于镀层具有一定的厚度，零件进行表面处理之后，必然会引起零件尺寸的变化。通常设计图纸上规定的模型尺寸及公差都是指电镀前模型的最终尺寸及公差，应结合最终尺寸事先预留镀层的厚度及其电镀的尺寸偏差。装配界面不仅与沉积厚度有关，还存在装配误差的影响，模型偏移设计时应整体考虑。一般电沉积厚度为0.1~0.2mm，面向快速成形的外形偏移补偿量为0.3~0.5mm，则基于增材制造的电沉积偏移补偿量为0.1~0.4mm。

第4章
增材制造风洞试验模型的检测技术

4.1 风洞试验模型的制造要求

4.1.1 加工精度和表面粗糙度要求

　　模型和飞行器原型必须满足几何相似条件，因此加工模型时要对其外形尺寸进行严格控制。通常，模型的外形大都是曲面，现有的方法以样板来保证加工精度。样板的位置和数量，需根据模型外形的繁简程度确定。一般来说，曲率变化大的地方需要多取样板，变化小的地方可适当少取。模型外形尺寸允许的误差随模型尺寸的不同而不同，而角度偏差不受模型尺寸的影响。对于 4m×3m 量级的低速风洞试验模型，其样板及其各部件的加工精度和表面粗糙度按表 4-1 和表 4-2 要求确定。而对于其余量级的风洞试验模型各部件的设计公差可根据表 4-1 要求确定的数据适当缩放。如对 8m×6m 量级的风洞，除角度公差以外的其他数据可做 $\sqrt{3}$ 倍放大处理。对于标准校核模型各部件的设计公差应比以上提供的数据略高一级。模型各部件的设计公差如表 4-1 所列，模型各部件表面粗糙度的要求如表 4-2 所示。

表 4-1　模型各部件的设计公差

部件名称	加工参数	公差要求
机翼	样板与机翼表面在 1/3 弦线以前最大间隙	≤0.08mm
	样板与机翼表面在其他部分最大间隙	≤0.10mm
	机翼等百分比线处的表面与刀尺最大间隙	≤0.10mm
	剖面弦长	±0.25mm
	展长	±1.50mm
	后掠角	±3′
	上反角	±3′
	扭转角	±3′
	后缘厚度	≤0.20mm

（续）

部件名称	加工参数	公差要求
机身	样板与机身头部表面最大间隙	≤0.15mm
	样板与机身其他部分表面最大间隙	≤0.20mm
	直径	±0.25mm
	长度	±1.50mm
尾翼	样板与尾翼表面最大间隙	≤0.10mm
	尾翼表面等百分比线处与刀尺最大间隙	≤0.10mm
	剖面弦长	±0.20mm
	展长	±1.00mm
	后掠角	±3′
	上反角	±3′
	后缘厚度	≤0.20mm
外挂物	样板与外挂物表面最大间隙	≤0.15mm
	长度	±0.50mm
	横剖面直径	±0.25mm

表4-2　模型各部件表面粗糙度的要求

模型部件	粗糙度要求
机翼、尾翼、襟翼、副翼、舵面表面	0.1mm
机身、外挂物表面	0.2mm
机身与机翼、机身与尾翼配合面	0.1mm
标准校验模型表面	1.25μm

当前，国内外已不采用先加工样板再用样板来控制模型尺寸精度的方法，而是用数控机床直接加工模型。在这种情况下，机翼、机身和尾翼制造公差中的样板与机翼、机身和尾翼表面的最大间隙应改为机翼、机身和尾翼几何外形坐标公差（公差要求不变）外，其余各项加工精度要求均适用[4]。

4.1.2　强度和刚度校核要求

模型设计必须进行强度和刚度校核。

强度校核计算的安全系数取3，主要校核机翼和尾翼的根部、操纵面的转轴和固定件以及模型前后支点的连接部件等。大展弦比的机翼和在较高风速下进行试验的机翼，强度问题最突出[3]，需重点校核。

刚度校核的要求是，以外露翼半翼展为基准至少对 5 个剖面加静态最大气动载荷，载荷分布按 GJB 67.2—1985《军用飞机强度和刚度规范》规定，计算所得翼面变形，其限制如下：

(1)低速风洞试验模型。翼尖的挠度与翼尖水平基准面之间距离不大于 15mm(对于 3m 量级的低速风洞试验模型)。

(2)高速风洞试验模型。①翼面翼尖与翼根相对偏扭：三角翼不超过 0.1°，后掠翼不超过 0.3°；②翼面上（下）反角的变形：三角翼不超过 0.2°，后掠翼不超过 0.5°；③舵向偏角的变形：三角翼和后掠翼均不超过 0.1°。

在高速风洞高速压试验条件下，模型的变形往往超过上面的限制。为了得到准确的试验数据，通常都要用光学仪器测量模型的变形并对其试验数据做修正处理。有的风洞为提高试验数据的准确度，即使在不超过上述变形限制的情况下，也测量(或计算)模型变形，将试验数据做修正。

4.2 模型加工精度的测试评价

4.2.1 表面粗糙度分析

表面粗糙度是衡量零件表面加工精度的一项重要指标，零件表面粗糙度的大小将影响到两配合零件接触表面的摩擦、运动面的磨损、贴合面的密封、配合面的工作精度、旋转件的疲劳强度、零件的美观、零件表面的抗腐蚀性等。

风洞试验模型表面粗糙度对试验数据的影响与粗糙度类型、大小以及模型当地边界层状态有关[4]。一般来说，当模型表面纹理高度小于当地湍流边界层层流底层厚度时，粗糙度对试验数据无影响，也即在这样的粗糙度下所测得的试验数据与光滑模型表面所测数据一致；反之，则有影响。一般情况下，表面粗糙度主要是影响模型阻力；在亚、超声速，主要影响模型的摩擦阻力和压差阻力；在跨声速，模型表面上有激波，激波与边界层之间相互干扰，导致粗糙度对波阻有明显影响。当激波与边界层之间产生很强的干扰而出现气流分离时，粗糙度的大小还会改变模型压力分布，从而对升力和力矩产生影响。当大迎角试验时，粗糙度大小会改变模型出现非对称涡的迎角，从而导致对横侧气动特性的影响。

本书采用表面粗糙度仪 TR240 测量树脂模型修磨前后的表面粗糙度以及电沉积铜镍的表面粗糙度，粗糙度测量曲线示意图如图 4-1 所示。对未磨的树脂件、磨过的树脂件、沉积铜的电镀件和沉积镍的电镀件求其平均值和相应偏差，如图 4-2 所示。由图可见，树脂件会因为台阶效应的影响而产生较大的粗糙度以及偏差，修磨过的树脂和电沉积样件粗糙度很小，由于镍结晶极其细小，镍沉积的表面粗糙度比铜沉积的要好，粗糙度值为 1.48 μm。而相对低速风洞试验模型 100 μm 的表面粗糙度要求来说，基于增材制造的模型制造足以满足。树脂模型表面处理的操作简单方便，特别适用于仅对气动外形面有要求的风洞试验模型制造。

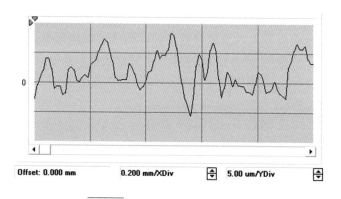

图 4-1　粗糙度测量曲线示意图

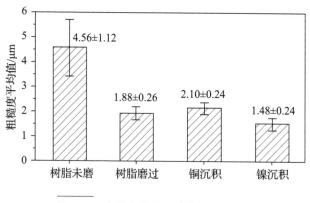

图 4-2　各种表面处理后的粗糙度对比

4.2.2　加工精度分析

曲面形状精度测量评估方法主要有接触式测量和非接触式测量两种，为了得到快速成形工艺和电沉积工艺对曲面形状的影响，设计一个曲面造型作为精度测试件，以此模型来分析制造工艺对曲面形状精度的影响，为风洞试验模型的快速成形提出进一步的制造优化方法。

如图 4-3 所示，增材制造的树脂模型有明显的台阶效应。对树脂模型进行修磨后，其表面较为光滑。将树脂模型各平面屏蔽保护后，只对曲面表面进行电沉积镍处理。通过 LSH 三维激光测量系统（测量精度为 ±0.05mm）获取模型表面数据，分别测量修磨过的树脂曲面和电沉积镍后的曲面如图 4-3所示。点云数据的处理在 CATIA V5 软件中进行，在数字造型编辑器（digitized shape editor）模块将点云导入后删除杂乱无用的点。由于点云测量所在的坐标系与理论模型的坐标系不对应，因此需要在测量坐标系下构建另一轴系，使点云数据能够迁移到与理论曲面的位置相统一。将曲面点云和各平面点云进行分离，将各平面点云分别激活提取出来，通过快速曲面重构（quick surface reconstruction）模块的基本面重构（basic surface reconstruction）命

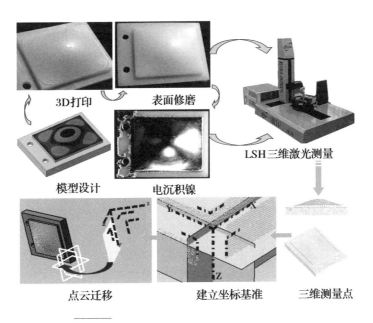

图 4-3　曲面精度测试件制造和测量流程图

令构建各基准坐标面,可以通过多次重复构建两两垂直的平面而优化基准面的构成。最后将测量坐标系的数据通过轴至轴转换(axis to axis)对应到理论模型坐标系,点云即迁移到可进行对比分析的空间位置上。

树脂电沉积前后的点云测量数据与理论曲面进行距离误差分析(distance analysis),整体的误差分布如图4-4所示。从误差分布云图中,可以直观地看到不同位置的区域厚薄情况,因此三维测量可作为树脂风洞试验模型后处理的一种校验方法。通过反求测量检测抛光的均匀度,从而标记较薄的区域进行再打磨。打磨量宜少不宜多,以免部分区域打磨过度而造成难以协调整体的修复。将不同误差范围分布百分比统计如图4-5所示,可见,曲面后处理中误差在$-0.20 \sim 0$mm的点云占96.64%,曲面电沉积中误差在$0 \sim 0.20$mm的点云占98.92%。对比增材制造加工精度为± 0.1mm,可见在模型

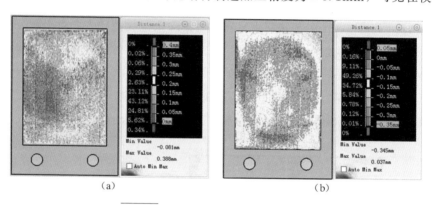

(a)　　　　　　　　　　　　　　(b)

图4-4　电沉积前后的整体误差分布

(a)修磨树脂表面误差云图;(b)电沉积表面误差云图。

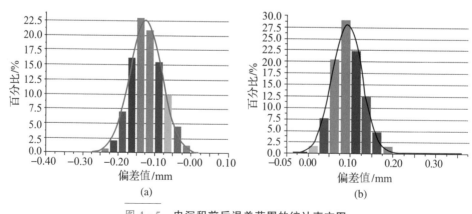

(a)　　　　　　　　　　　　　　(b)

图4-5　电沉积前后误差范围的统计直方图

(a)修磨树脂表面误差统计分布;(b)电沉积表面误差统计分布。

处理的不同步骤使模型曲面的精度保持良好。而且可以间接得到台阶效应的去除量约为 $-0.1mm$，镀层厚度约为 $+0.2mm$。因此，在模型设计的偏移补偿中，不仅应该考虑电沉积的预留厚度，还必须考虑增材制造零件的台阶效应和表面修磨的去除量。

沿着图 4-6 所示的模型横向取 19 个剖面，标记为 $-9\sim0\sim9$，在数字造型编辑器(digitized shape editor)模块中运用平面剖面图(planar sections)功能得到各剖面上的点云数据，通过从扫描获得曲线(curve from scans)命令将点连续为线，得到树脂表面和镍沉积表面的剖面线。在纵向也取 19 个平面与曲线相交成有限个点，求每个剖面处树脂的表面点、镍层的表面点分别与理论剖面线的平均误差。同样地，提取模型的中线 L1 和对角线 L2、L3 上的剖面轮廓线，可具体分析树脂电沉积的厚度均匀性。

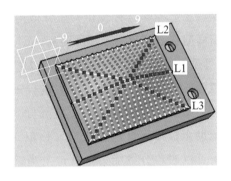

图 4-6　误差分析的点线面位置标记

图 4-7 所示为测试模型各剖面电沉积前后误差对比图，可见树脂抛光时在模型的两侧打磨量较大，因为两侧边处曲率变化慢，台阶效应的体积误差较大，抛光时也相应地增大了此处的打磨量。而电沉积的测量点云与理论曲面相比所形成的误差在模型两侧的偏差却不如树脂打磨时那么明显，在一定程度上弥补了过度打磨的缺失部分，说明在模型两侧形成了更厚的沉积层。可见，树脂抛光量和电沉积均匀度之间互相补偿，保证了电沉积表面的精度。

电沉积是镀液中的正负离子在外电场作用下沿电力线定向移动的过程。镀液的分散能力是指使沉积层金属在模型凸凹不平的表面上均匀沉积的能力。影响分散能力的因素主要有几何因素和电化学因素。几何因素主要是指镀槽的形状、阳极的形状、零件的形状以及零件与阳极的相互位置、距离等。几何因素通过影响尖端放电、边缘效应、阴阳极的距离等，从而决定电镀的电流分布。电化学因素包括极化作用、电流密度、溶液的导电度以及电流效率等。

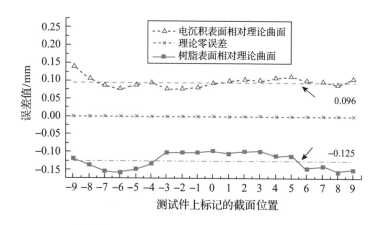

图 4 - 7　测试模型各剖面电沉积前后误差对比

提取出线 L1、L2、L3 上各点的 Z 向绝对坐标值构建测试曲面的轮廓线，并通过坐标系放大树脂模型和电沉积模型间的距离，L1、L2、L3 的沉积层对比图如图 4 - 8 所示。可见模型顶端的沉积厚度都较大，因为电沉积时模型表面面向阳极板，顶端镀面较靠近电极而使得电力线较短且集中。应使镀件的主要表面面对阳极并与之平行，缩小阴极不同部位与阳极之间的距离比，必要时采用象形阳极和辅助阳极来保证电力线均匀分布。在一定范围内，增大阴极与阳极之间的距离可以改善分散能力，理论上当镀件处于无穷远处时电力线是最佳的。但现实中不能无限制增大极间距，否则镀槽的宽度和占地面积会增大，另外槽电压升高，耗能大。

电力线的分布在端角地区会明显高许多，从图中也可看出在模型两侧处于边角处的镀层较厚，特别是 L2、L3 边角的厚度比 L1 明显，因为 L2、L3 都是在两直角边缘的相交处，而 L1 只有一个直角边缘。因此要防止电力线集中产生"边缘效应"，阳极的布局应是中间密、两边疏，槽两端则要留出一定的空位，而阴极杆上要挂满电极。可在零件的尖端处挂上金属保护线，以分散阴极上的电流，这种金属保护线就称为保护阴极。

取得均匀镀层的方法，除了选择合理的溶液成分、改进配方外，合理的操作、装挂零件及采取一些特殊的措施在生产中是非常重要的，通常使用的方法有以下几种[40]。

(1)冲击电流：在电镀开始用比正常电流大 2～3 倍的电流短时间冲击电镀。

（2）合理装挂零件：使零件处在最佳的电流分布状态下，同时又不使析出的气体停滞在零件的盲孔、低洼部分。

（3）根据可能调节阴、阳极之间的距离，缩小阴极不同部位（零件的凹凸部分）与阳极之间的距离比。

（4）利用象形阳极来改善电流分布。

（5）利用保护阴极和屏蔽保护来降低电力线集中部位的电流密度。

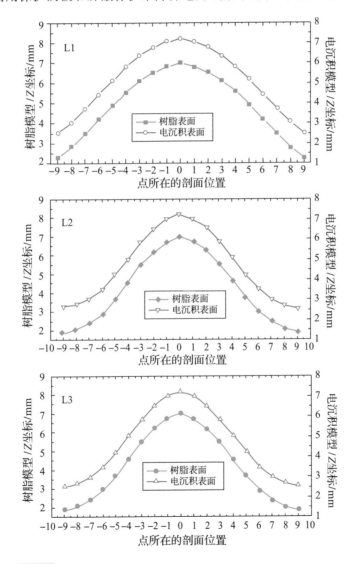

图 4-8　测试模型电沉积前后剖面轮廓线 L1、L2、L3 对比图

4.3 模型力学性能的测试评价

4.3.1 模型材料的力学性能测试

根据 ISO 树脂拉伸弯曲测试标准[41-42]进行相关的力学试验，制造的拉伸和弯曲试样如图 4-9 所示。快速成形拉伸样件截面规格为 $10mm \times 4mm$，弯曲样件截面规格为 $15mm \times 6mm$。在其上电沉积不同的厚度，通过试验得到不同沉积厚度的树脂-金属材料的性能如图 4-10 和图 4-11 所示。图中复合材料弹性模量的理论值用预测公式[43]计算得到。

$$E_L = E_f V_f + E_m(1 - V_f) \qquad (4-1)$$

式中：E_L 为复合材料的弹性模量；E_f 为沉积金属的弹性模量；V_f 为金属材料的体积百分比；E_m 为树脂基体的弹性模量。

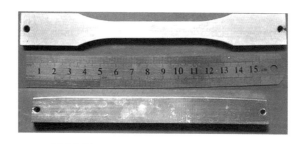

图 4-9　ISO 标准拉伸和弯曲试验试样

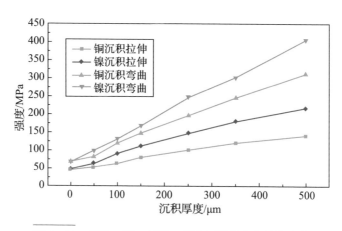

图 4-10　树脂-铜、树脂-镍电沉积复合材料的强度

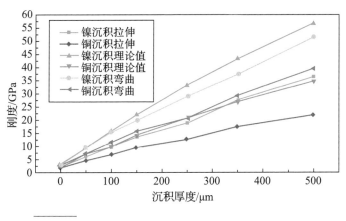

图 4 - 11　树脂 - 铜、树脂 - 镍电沉积复合材料的刚度

　　由图 4 - 10 和图 4 - 11 中可见，随着沉积厚度的增大，复合材料的刚度和强度都不断增强。在相同沉积厚度的情况下，镍沉积的刚度、强度比铜沉积的都大。由于树脂 - 金属沉积界面结合强度的影响，铜、镍复合材料的实际弹性模量值比理论计算值要小。电沉积的精度随着沉积厚度的增大而降低，因此沉积厚度取 0.1～0.2mm 为宜。将原 Somos 14120 树脂与镍沉积厚度为 0.1mm 的 SL - Ni - 0.10 相对比，抗拉强度从 45.7MPa 增加到 89MPa，弹性模量从 2.5GPa 增加到 10GPa，弯曲强度从 68.9MPa 增加到 131.6MPa，弯曲模量从 2.3GPa 增加到 15.4GPa。

4.3.2　模型力学性能的数值分析

1. 分析方法和分析软件的选用

　　飞行器设计人员常借助计算流体力学（CFD）工具进行各种虚拟试验，快速进行参数对比研究和多种方案筛选，从而只需对少量确实有实际应用前景的设计方案进行风洞测试。在飞机气动布局设计中风洞试验和 CFD 方法是相辅相成的两种手段。

　　CFD 方法主要用于分析飞机外形的空气动力学性能。而对于实际需要制造出来的飞机模型来说，存在力学性能上的要求，即进行强度、刚度的校核。这需要从 CFD 计算中获取模型的表面压力流场，在此压力载荷的作用下分析不同材料和不同结构的风洞试验模型强度和刚度。考虑到基于快速成形的风洞试验模型在机翼和尾翼的根部、操纵面偏转的连接部位等危险断面上可能出现破坏，拟采用有限元法（FEM）对风洞试验模型进行校核。采用有限元分析工具分析能够确切地预测风洞测试结果，从而检验风洞试验模型制造的有效性，防止模型在吹风时因性能异常影响测试精度，避免模型的返工造成试验周期的延长和试验成本的增加。

加载方法的选择是采用有限元进行工程分析的重要步骤之一。选择不同的加载方法将会产生不同的分析结果，从而影响分析结果的有效性。常用的近似加载方式有以下几种[44]。

(1)压心集中力加载：加载方法简单，但其结果不能反映真实危险点的位置和最大的应力值，不能正确反映结构的受力和变形情况。

(2)分块面力加载：理论上讲，分块面力加载是对载荷分布最近似的模拟，但在实际操作中比较复杂。

(3)分块集中力加载：得到的结果跟分块面力加载得到的结果非常接近，且操作非常简单。

随着有限元分析技术的发展，固体在流场中受力变形分析已经可以采用流固耦合（FSI）的方法更真实地加以实现。现有的流固耦合软件的运用方式有ADINA、ANSYS + CFX、FLUENT + MPCCI + ABAQUS 等。其中，ADINA 具有的流固耦合求解功能可以在单一系统中模拟流体和因大变形、非弹性、接触及温度而经历明显的非线性响应的结构之间完全耦合的物理现象。一个完全耦合的流固耦合模型意味着结构的变形影响流体区域，反过来流体的作用力也会施加到结构上[45]。

从流体的角度看，Navier‑Stokes 流体可以是不可压的、轻微可压的、低速和高速可压的[46]。从结构的角度看，各种结构单元类型都可以参与 FSI 过程支持各种材料模型、支持各种非线性物理过程如材料失效、单元生死、结构失稳、相变等。ADINA 在一个单一系统中组合了结构和流体动力学方程，获得这个系统的统一方程组，并对其进行求解。ADINA‑FSI 提供直接 FSI 耦合和迭代 FSI 耦合两种不同的方法来求解流体模型和结构模型之间的耦合。两种情况下，在流固耦合界面上都要满足位移一致性和作用力平衡条件。

2. 流固耦合分析的具体步骤

在 ADINA 软件中建立流固模型时使用的参数如表 4‑3 所示，其中镍沉

积材料的泊松比通过复合材料泊松比预测公式[43]得到

$$v_L = v_f V_f + v_m (1 - V_f) \qquad (4-2)$$

式中：v_L 为复合材料的泊松比；v_f 为沉积金属的泊松比；V_f 为金属材料的体积百分比；v_m 为树脂基体的泊松比。

表 4 - 3　流固模型使用的参数表

(a) 固体—机翼(攻角 α：20°)

材料	弹性模量 E/GPa	泊松比 v
Somos14120	2.3	0.23
SL - Ni - 0.10	10	0.24
SL - Ni - 0.15	13	0.24
SL - Ni - 0.25	19	0.24
Al alloy	70	0.30

(b) 流体—空气

马赫数 Ma	动力黏度 μ/(Pa·s)	密度 ρ/(kg·m^{-3})	体积模量 K/Pa
0.2~0.8	1.8×10^{-5}	1.23	1.4×10^5

ADINA 流固耦合分析具体的设置步骤如下[47]。

(1)格式转换：将 CATIA 中的机翼模型转换为 *.x _ t 格式。

(2)固体模型的建立(ADINA - Structure)。

①读入机翼 *.x _ t 格式的模型。

②定义分析类型：选择静态分析和流固分析。

③设置材料：各向同性弹性材料，输入弹性模量和泊松比。

④定义边界条件：约束装配端面的自由度，对模型无需加载，受力由流场传递。

⑤定义单元组类型：选择实体单元类型 3 - D Solid。

⑥定义流固边界：选择机翼表面为 FSI boundary。

⑦指定单元大小：设置单元大小为 0.01。

⑧划分网格：生成实体四节点单元网格，流固边界将加亮加粗，如图 4 - 12(a)所示。

⑨求解控制：设置最大迭代次数为 50 次，迭代误差为 0.005。

⑩保存 *.idb 文件，输出 *.dat 格式求解数据文件。

(3)流体模型的建立(ADINA - CFD)。

①读入流场 ∗.x _ t格式模型，也可以读入机翼模型，而后在 ADINA－M 中通过相减布尔运算生成新的几何体（body）。

②定义分析类型：选择 3D 问题、湍流分析、轻微可压缩、无热传导。

③设置空气的流体参数：定义动力黏度、密度、体积模量，选择标准的 K－Epsilon 参数。

④定义压力边界条件：定义相对压力 Pressure＝0 的边界条件，将此约束施加到除来流入口外的其他五个外部边界。

⑤定义来流速度：垂直于入口边界面施加不同的风速。

⑥定义流固耦合边界条件：选择机翼表面为流固耦合边界。

⑦定义单元组：选择实体单元类型 3－D Fluid。

⑧指定网格密度：指定流场四周网格尺寸为 0.1，指定流固边界网格大小为 0.01。

⑨划分网格：生成实体四节点单元网格，如图 4－12(b)所示。

⑩划分流固边界层网格：分为两层，第一层厚度为 0.005，总层厚为 0.02。

⑪求解控制：不使用 FBCI 算法，设置最大迭代次数为 50 次，迭代误差为 0.005。

⑫保存 ∗.idb 格式文件，输出 ∗.dat 格式求解数据文件。

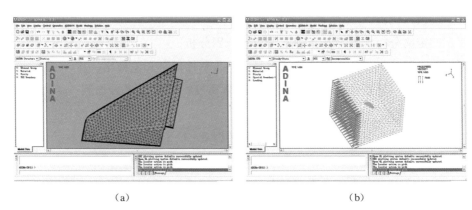

(a)   (b)

图 4－12   流固耦合分析中固体和流体模型的建立

(a) 机翼固体有限元模型；(b) 空气流体有限元模型。

(4)启动 ADINA－FSI，调入固体和流体求解 ∗.dat 格式文件，设置适当的内存大小进行计算。

（5）进入 *.por 格式文件后处理，提取分析结果。

3. 流固耦合刚度与强度预测分析

模型尺寸受风洞试验段边界的限制，不能越过一定的范围，否则边界影响大，且难以进行准确的修正；对于三维大展弦比飞机模型，要求机翼展长 b 与试验段宽度 w 之比，高速风洞一般不大于 0.6，低速风洞一般不大于 0.7。对于小展弦比飞机模型，视试验迎角而定，一般要求 $b/w \leqslant 0.5$[3]。取机翼的展长与试验段宽度之比的最大值为 0.7，将 3m 量级的低速风洞中翼尖挠度的距离标准换算为较小的角度标准为 0.818°。本书设计的机翼模型半翼展长为 210mm，则翼尖变形量不能超过 3.00mm。

在 100m/s 的风速下，树脂、镍沉积树脂、铝合金的最大变形量 DMX 如表 4-4 所示。通过翼尖和翼根的相对偏扭角度进行对比，可见树脂材料不满足低速要求，而 SL-Ni-0.10 和铝合金都满足要求，且铝合金的变形最小。机翼表面压力分布图和机翼变形分布图分别如图 4-13 和图 4-14 所示。因此，从刚度要求上来说，纯树脂材料并不能用于较大展弦比的机翼风洞试验模型，通过树脂表面沉积金属或内衬金属板的方式，能提高模型的强度，并在一定程度上改善刚度性能。下面仅针对沉积不同厚度镍层的复合材料分析其适用的风速范围。

表 4-4　不同材料的翼尖变形对比（$Ma = 0.3$）

材料	最大变形量 DMX/mm	Arctan(DMX/210)/(°)	低速翼尖挠度换算值
Somos14120	3.80	1.037	$\text{Arctan}\left(15/\left(\dfrac{1}{2} \times 3000 \times 0.7\right)\right)$
SL-Ni-0.10	0.88	0.240	
Al alloy	0.12	0.032	$= \text{Arctan}(3.00/210) = 0.818$

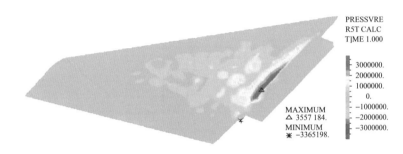

图 4-13　机翼表面压力分布图

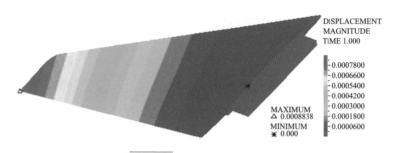

图 4 - 14　机翼变形分布图

在攻角为 20°时,分析了马赫数从 0.2～0.8 的最大应力和最大变形情况,机翼表面应力分布图如图 4 - 15 所示。最大应力从 3.5MPa 增加到 66.7MPa,最大变形从 0.43mm 到 4.42mm,图 4 - 16～图 4 - 18 所示分别为沉积 0.10mm、0.15mm 和 0.25mm 镍层时的最大应力值和最大变形值。将可用的吹风数据归纳在表 4 - 5,也就是说,如果安全系数为 3,则 SL - Ni - 0.10 的抗拉强度 89MPa 满足马赫数为 0.5 的要求,SL - Ni - 0.15 的抗拉强度 111MPa 满足马赫数为 0.6 的要求,SL - Ni - 0.25 的抗拉强度 147MPa 满足马赫数为 0.7 的要求,且在这些马赫数下的翼尖变形量在 3.00mm 范围内,不同

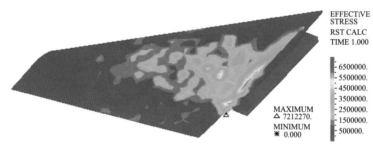

图 4 - 15　机翼表面应力分布图

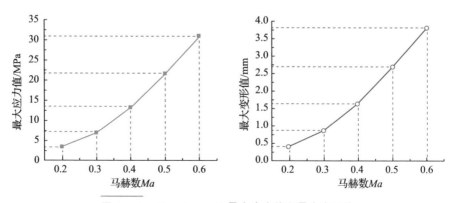

图 4 - 16　SL - Ni - 0.10 最大应力值和最大变形值

厚度的材料在许用马赫数下同时满足了强度和刚度的要求。因此，树脂－镍沉积材料的适用风速范围可从低速跨入亚声速。风洞试验的风速越大，模型精度、刚度和强度要求也越高。而沉积厚度越大，刚度、强度越高，沉积精度却越低。因此沉积厚度的选择应满足刚度、强度的同时还要保证加工精度。

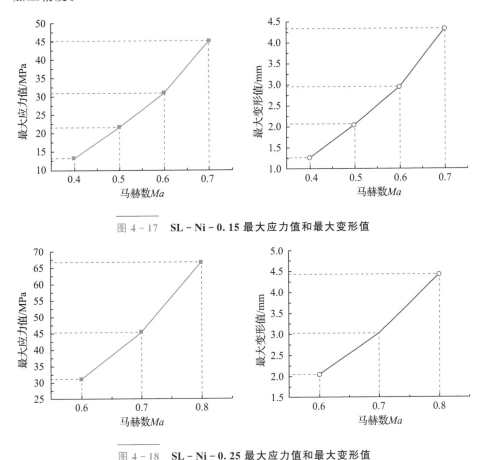

图 4-17　SL－Ni－0.15 最大应力值和最大变形值

图 4-18　SL－Ni－0.25 最大应力值和最大变形值

表 4-5　不同沉积厚度的许用马赫数

镍沉积厚度 /mm	抗拉强度 σ_b/MPa	许用应力/MPa｜许用变形/mm （安全系数：3）	许用马赫数 Ma （最大应力/MPa｜最大变形/mm）
0.10	89	29｜3.00	0.5(21.7｜2.67)
0.15	111	37｜3.00	0.6(30.9｜2.95)
0.25	147	49｜3.00	0.7(45.5｜3.00)

当马赫数为 0.8~1.4 时，已经进入跨声速的范围。跨声速区从飞机表面上某点出现声速的所谓临界速度起，到整个流场都是超声速为止，是飞机表面的气流既有亚声速又有超声速的混合流动区。飞机达到临界速度时其表面形成激波并随马赫数增大而发展。激波产生波阻，使阻力比亚声速时增大若干倍，从而使升力减小，压力中心后移，力矩突变，飞机可能出现振动或颤振。各种仪表会因激波而晃动。克服跨声速不利影响的措施是使用小展弦比、小厚度比的后掠机翼和研究超临界机翼以及机身按面积律修形等，运用于跨声速风洞试验模型的复合材料有待后续的研究。

4.3.3 模型树脂部件的可靠性测试

全模测力试验的方法是在给定的动压条件下，采用六分量天平测量模型在一系列姿态角下的气动力。进行全模测力试验时，要将风洞的各分系统协调地运转起来，保持试验动压稳定，按试验要求自动改变模型姿态，对模型的气动力实现精确、高效的测量。

在测力试验中，当模型侧滑角为 0°，在一系列迎角下进行测量称为纵向测力试验；对模型给定某一迎角，在一系列侧滑角下进行测量称为横向测力试验；对模型给定某一非零侧滑角，在一系列迎角下进行测量称为准纵向测力试验；在不同的动压条件下，对同一模型状态测力称为变雷诺数试验；在相同的试验条件下，对同一模型状态的多次重复测量称为重复性试验[37]。为了扣除支架干扰，还要进行支架干扰试验。

为某飞机设计所制造的低速风洞测力模型中，机身采用金属加工，机翼和尾翼采用快速成形制造。在 FL-12 低速风洞中进行风洞试验，最大风速可达 100m/s。通过改变迎角吹风测试并采集试验数据，当攻角为 -20°时，风速加速到将近 70m/s 后，垂直尾翼从连接根部发生了断裂，如图 4-19 所示。该断裂可能的原因一方面是树脂模型强度不足，另一方面是风洞试验模型的设计或制造缺陷。由于机翼上的前襟、副翼等薄弱得多的部位均未发生异常，尾翼断裂的主要原因应来源于模型的结构缺陷。例如，尾翼在逐层快速成形过程中引入的层间缺陷可能是导致该断裂的主要原因。一方面，设计人员应主要承载方向合理选择模型部件的成形方向，避免使得模型成形层间方向承担最大载荷；另一方面，工艺人员应通过选用稳定原材料和设备、优化成形工艺参数等措施，降低层间缺陷。

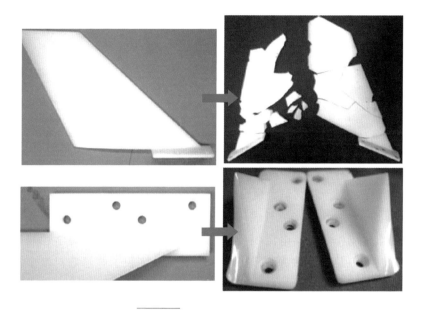

图 4 - 19　风洞测力试验结果

第5章
树脂风洞试验模型的电沉积强化

用于模型制造的增材制造材料很多是高分子聚合物，如光敏树脂（光固化成形工艺）、热塑性树脂（熔融挤出成形工艺）等，与金属相比，高分子材料的力学性能较差。对于风洞试验模型中的薄、长部件，如机翼、襟翼和副翼等，无法通过内嵌金属等方式进行强化，需研究其他强化技术。西安交通大学周志华等提出树脂模型表面电沉积金属的方法，以提高模型的力学性能和使用性能[42-43]。本章将介绍该方法，研究树脂表面电沉积工艺参数对模型表面质量的影响，分析沉积厚度和树脂－金属界面的结合强度对复合试样力学性能的影响，研究化学粗化对提高界面结合强度的作用和效果，最后以机翼测压模型电沉积制造实例分析模型制造的经济性。

5.1 电沉积工艺实验研究

树脂模型表面电沉积工艺要包括表面粗化、导电化以及电沉积，其工艺过程如图 5-1 所示。

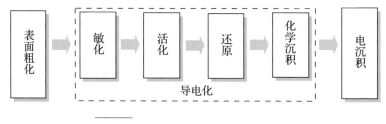

图 5-1　树脂模型表面电沉积工艺过程

5.1.1 表面粗化

粗化的目的是使树脂表面微观粗糙，增大沉积层与基体接触面积，还可使树脂表面由憎水变为亲水，以提高树脂表面与沉积层间的结合力。粗化处理的效果对树脂－金属界面结合强度及其力学性能具有较大影响。针对光固化树脂材料和风洞试验模型外形复杂的特点，本书选择化学粗化方法作为其表面粗化处理方法，它具有成分简单、维护方便、粗化速度快、效果好的特点。

5.1.2　导电化

由于采用光固化成形工艺的树脂风洞试验模型外形零部件材料是绝缘体，不能直接进行电沉积，需要进行导电化处理以便进行后续的电沉积。导电化工艺主要由敏化、活化、还原及其化学沉积过程组成。风洞试验模型要求金属和基体有足够的结合力以及充分的覆盖性，本书选择化学沉积作为树脂模型导电化处理方法。化学沉积导电化的处理过程包括清洗、敏化、活化、还原、化学沉积等，它们对化学沉积层的质量起着关键作用。

5.1.3　电沉积

树脂模型在经过化学沉积导电化处理后，采用通常的电沉积工艺加厚金属层。电沉积阴极为需要电沉积的树脂模型零件，阳极为电沉积使用的金属材料板。金属镍具有高强度、高刚度、易沉积且具有较高的硬度和耐磨性等特点，因此本书选用镍作为树脂表面电沉积材料。

由于本书利用电沉积方法增强树脂风洞试验模型，沉积厚度对模型的精度影响至关重要，故需要根据沉积时间来定量确定沉积厚度。根据法拉第电解定律可知，在预设的电流密度条件下，不同的沉积时间得到不同的沉积厚度。为了确定镍沉积厚度计算公式与实际工艺的差异，采取电沉积实验方式验证。镍电沉积层厚度可以通过光学显微系统测量截取的 5 处横断面厚度，并取 5 处测量处的平均值而得，如图 5－2 所示。

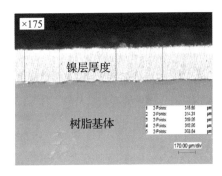

图 5－2
镍层厚度测量示意图

5.2　表面质量分析

模型表面质量对风洞试验数据有较大的影响，主要与表面形貌类型、粗糙度大小以及模型当地边界层状态有关[2]。电沉积的风洞试验模型表面质量主要通过表面粗糙度测量和微观形态观察来评价。本书采用便携式表面粗糙度仪测量树脂模型修磨前后的表面粗糙度以及电沉积氨基磺酸镍和硫酸镍的表面粗糙度。

对未磨的树脂件、修磨后的树脂件、氨基磺酸镍电沉积件和硫酸镍电沉积件的表面粗糙度求平均值和相应偏差，其表面粗糙度 Ra 平均值分别为 4.56 μm、1.88 μm、1.63 μm、1.48 μm，如图 5-3 所示。从图中可见，树脂件会因为台阶效应的影响而产生较大的表面粗糙度以及偏差，修磨过的树脂和电沉积样件的粗糙度较小并与修磨程度有关。同时发现，硫酸镍沉积的表面粗糙度比氨基磺酸镍的要好，Ra 值为 1.48 μm。而相对风洞试验模型的表面粗糙度要求来说，树脂模型的表面粗糙度依赖于修磨的程度。一般来说，基于光固化成形的模型制造可以满足其要求，同时树脂模型表面修磨处理简单方便，特别适用于对气动外形表面质量要求高的模型制造。对于镍沉积的风洞模型，其表面质量不仅与树脂基体的修磨程度有关，还与微观表面状态有关。

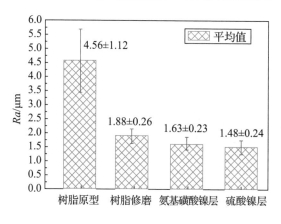

图 5-3
树脂原型、树脂修磨、氨基磺酸镍层和硫酸镍层的表面粗糙度 Ra 平均值和偏差对比

电沉积镍层微观表面可利用扫描电子显微镜进行观察，放大倍数为 5000 倍。图 5-4 所示为利用氨基磺酸镍配方在不同电流密度 I_ρ 下电沉积所得的镍层表面扫描电镜图。从图中可以看出，在 2A/dm² 和 5A/dm² 电流密度下其镍

层表面质量基本接近，其微观表面都表现为棱形椎体状形态。但是，硫酸镍配方在不同电流密度（2A/dm² 和 5A/dm²）下电沉积，其镍层微观表面质量相差较大，当 I_ρ 为 2A/dm² 时其微观组织表现为柱状晶粒，当 I_ρ 增大到 5A/dm² 时其晶粒细化，表面质量较好，如图 5-5 所示。因此，本书选择采用硫酸镍配方且 I_ρ 为 5A/dm² 的工艺条件进行树脂模型表面镍电沉积。

　　（a）　　　　　　　　　　　　　（b）

图 5-4　**氨基磺酸镍在不同电流密度下电沉积的微观表面质量**
（a）$I_\rho = 2\text{A/dm}^2$ 时；（b）$I_\rho = 5\text{A/dm}^2$ 时。

　　（a）　　　　　　　　　　　　　（b）

图 5-5　**硫酸镍在不同电流密度下电沉积的微观表面质量**
（a）$I_\rho = 2\text{A/dm}^2$ 时；（b）$I_\rho = 5\text{A/dm}^2$ 时。

　　影响镍电沉积层微观表面质量的因素较多，如沉积液成分、电流密度、添加剂、直流或脉冲电流、pH 值、温度等对电沉积层的晶粒度和微观结构都会产生影响[60-62]，而电流密度是电沉积制备晶体过程中影响表面微观组织最主要的控制因素。通过改变电流密度不仅可以改变电沉积的速度，而且可以改变电结晶时的阴极过电位，从而影响晶体的成核与生长。研究发现，电沉积镍层的晶粒尺寸随电流密度增大而减小，电流密度达到一定范围时易生长形成纳米镍晶[63]。

另外，很多研究发现镍沉积液中加入有机添加剂可以使晶粒细化。电沉积过程中加入的有机添加剂主要是一些表面活性物质和光亮剂，如十二烷基硫酸钠、糖精和脂肪族烃类等。这些有机添加剂的加入对电极反应有明显的阻化作用，可以增大阴极极化，提高电结晶的过电位，有效地细化晶粒[64]。糖精细化晶粒的作用机理[65]是糖精分子在沉积层生长时吸附在晶体生长的活性点上，有效地抑制了晶体生长，促进了晶核的形成。另外，pH值较低时阴极表面析氢现象更明显，氢气在镍离子的阴极还原过程中为镍提供更多的成核中心，使得沉积层的镍结晶细致，晶粒得到细化。

5.3 力学性能研究

5.3.1 界面结合强度

通常的电沉积层与基体结合强度测定方法主要有黏结拉伸法、划痕法、压入法、楔形加载法等，其中黏结拉伸法最为常用。本书采用黏结拉伸法并按照 ISO 2819—2017 标准测量树脂—镍层界面结合强度。本书采用黏结拉伸法测试样件直径为 20mm、长度为 40mm，将被测试样与对应样件用 AB 双组份胶黏结后采用 Instron 1195 万能材料试验机进行拉伸试验。如图 5-6 所示，图 5-6(a)为黏结拉伸测试样件。如图(b)为典型的测试样件断裂表面。对测试样件的断裂表面进行观察，可知胶体黏结剂并没有脱层，说明胶体黏结强度高于树脂与镍层的结合强度，黏结拉伸法可以有效测量其结合强度。

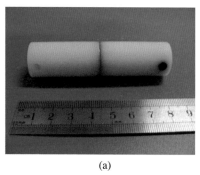

(a)

(b)

图 5-6　测试结合强度的测试样件和断裂表面

(a)黏结拉伸测试样件；(b)典型的测试样件断裂表面。

为了分析树脂表面化学粗化方法和电沉积厚度对界面结合强度的影响，将试样测试表面按照 5.1 节化学粗化工艺进行粗化处理后，进行树脂－镍层界面结合强度拉伸测试，图 5－7 所示为结合强度拉伸测试应力—应变曲线。如图 5－8 所示，对于相同沉积厚度的镍层来说，化学粗化前后的界面结合强度差别比较明显，粗化后其界面结合强度增加较多，可知粗化处理对提高界面结合强度效果明显。但是，对于化学粗化后的树脂－镍层间结合界面来说，其结合强度的最大值 11.1MPa 出现在镍层厚度为 0.25mm 处。与之对应，没有粗化的树脂－镍层间结合界面的结合强度最大值 5.3MPa 则出现在镍层厚度为 0.15mm 处。

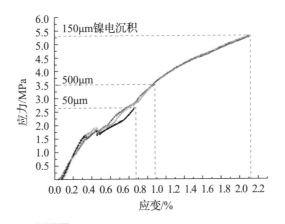

图 5－7　结合强度拉伸测试应力—应变曲线

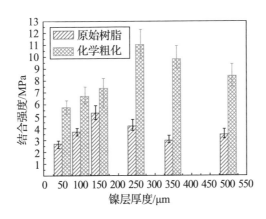

图 5－8　化学粗化工艺处理前后的界面结合强度

由此说明，结合强度并不是随着镍涂层厚度的增加而一直增加，在达到最大值之后会随着沉积层厚度的增加而降低。这主要是由于随着沉积层厚度的增加，积聚在镍沉积层上的残余应力也随之增加，导致结合强度反而下降。

通过光学显微镜观察树脂试样化学粗化前后和镍化学沉积与电沉积的表面微观形态(相同倍数1000)，如图5-9所示。其中，图5-9(a)和5-9(b)分别为粗化前后的树脂模型表面形貌对比，图5-9(c)和5-9(d)分别为镍化学沉积与电沉积的表面微观形态。树脂表面的化学粗化过程主要是通过高锰酸钾和铬酸溶液的氧化作用完成，由此产生不规则的微型孔穴，并表现为多孔结构形式。实验结果表明，树脂材料的某些成分已经被化学氧化作用侵蚀而在表面层形成多孔形式。因此，化学沉积的金属镍随之填充到这些微型孔洞结构中，直到整个树脂表面都形成镍覆盖层，如图5-9(c)、图5-9(d)所示。金属与树脂界面之间的机械锚锁位置主要存在于这些微型结构孔洞处，由此增加界面间的结合强度。

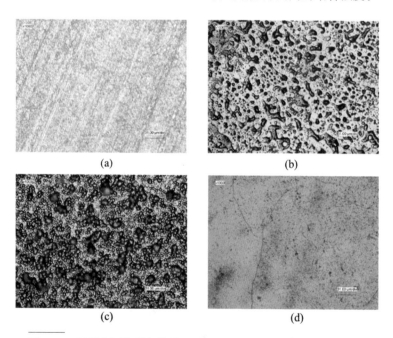

(a)   (b)

(c)   (d)

图 5-9 树脂表面化学粗化前后的微观形貌对比及其金属沉积效果

(a) 原始树脂；(b) 化学粗化后的树脂；(c) 化学镍沉积后；(d) 镍电沉积后。

高分子材料表面与金属涂层间的结合机制主要可以分为三类：机械锚锁、物理结合和化学结合。其中，大多数学者都认为机械锚锁效应是树脂和金属涂层间结合强度提高的主要因素。物理和化学结合作用在树脂和金属涂层间很难产生结合强度的强化效果，主要是由于两种组分材料本身的物理、化学性质相差较大，难以形成良好的物理、化学结合作用。研究也表明树脂基体材料的表面粗糙程度直接与结合强度相关联，也就是说树脂和金属界面间的结合机制能通过机械锚锁效应来解释。总之，树脂表面的微型孔穴结构有效增加了金属和树脂之间的接触表面积，从而获得高而有效的结合强度。

5.3.2　拉伸弯曲实验

针对树脂－镍层复合型试样的力学性能没有现成的测试标准，因此本书参照 ISO 和 ASTM 树脂件拉伸弯曲测试标准，进行相关的力学实验。按照 ISO527—2012 树脂拉伸和 ISO 178—2019 树脂弯曲标准[76-77]制造树脂－镍复合型的拉伸和弯曲试样，如图 5-10 所示。

（a）　　　　　　　　　　　　　　　　（b）

图 5 - 10　力学性能实验试样

（a）拉伸试样；（b）弯曲试样。

光固化成形工艺的树脂拉伸试样总长为 180mm，用于拉伸测试的试样截面基本尺寸规格为 10mm×4mm；弯曲试样总长为 160mm，用于弯曲测试的试样截面基本尺寸规格为15mm×4mm，根据预设电沉积镍的厚度相应测量试样截面尺寸。根据本章 5.1 节的电沉积工艺和厚度测量方法制作实验样件并测量其截面尺寸，采用万能材料试验机进行力学性能实验，每个测试组测三个试样并取其平均值。

图 5-11 所示为测试试样拉伸与弯曲实验的应力—应变曲线，图 5-12(a)所示为镍－树脂复合试样与纯树脂试样拉伸曲线对比，图 5-12(b)所示为镍电沉积不同厚度的弯曲应力—应变曲线对比。从图 5-11(a)中可以观察到电沉积的镍－树脂复合试样在相同应变(2.5%)条件下，其应力值比纯树脂的大，说明其承载抗拉的强度较大，但超过此应变后立即断裂，表现为脆性材料特性。从图 5-11 (b)中可以观察到在弯曲测试中间段应力出现跳跃情况。

图 5-12 所示的镍-树脂复合试样的拉伸与弯曲强度曲线表明，随着沉积厚度的增大，拉伸与弯曲强度都不断增加。当镍沉积厚度为 0.1mm 时，复合试样拉伸和弯曲强度分别为 89MPa 和 131.6MPa，较纯树脂材料的拉伸强度(45.7MPa)和弯曲强度(68.9MPa)分别提高了 1.95 倍和 1.91 倍。当镍层厚度为 0.5mm 时复合试样拉伸、弯曲强度较纯树脂材料分别提高 4.7 倍和 5.9 倍。

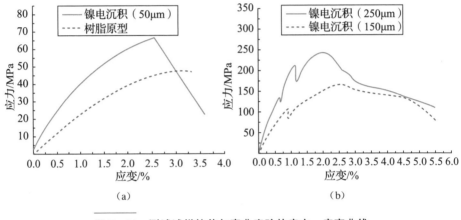

图 5-11　测试试样拉伸与弯曲实验的应力—应变曲线

（a）拉伸实验；（b）弯曲实验。

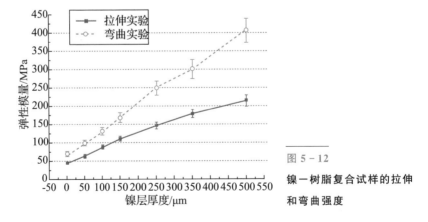

图 5-12

镍-树脂复合试样的拉伸

和弯曲强度

图 5-13 所示为镍-树脂复合试样的拉伸和弯曲弹性模量随沉积厚度变化的曲线，可以看出，弹性模量随沉积厚度增加而增大。当镍沉积厚度为 0.1mm 时，复合试样拉伸弹性模量和弯曲弹性模量分别为 10GPa 和 15.4GPa，较纯树脂材料的拉伸弹性模量(2.5GPa)和弯曲弹性模量(2.3GPa)分别提高了 4 倍和 6.7 倍。当镍层厚度为 0.5mm 时复合试样拉伸、弯曲弹性

模量较纯树脂材料的分别提高 14.5 倍和 22.3 倍。

图 5-14 所示为树脂-镍层宏观断口形态。由于固化后的 Somos 14120 树脂材料本身是一种增韧脆性材料，故拉伸过程中主要表现为脆性断裂。其脆性断口的断裂面与拉伸应力接近垂直，宏观上断口主要由具有光泽的结晶亮面组成。

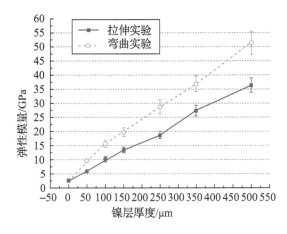

图 5-13
镍-树脂复合试样的拉伸和
弯曲弹性模量

（a）　　　　　　　　　　　（b）

图 5-14　树脂-镍层宏观断口形态

（a）树脂-镍层宏观断口；（b）电沉积镍层断口。

图 5-15 所示为电沉积镍层的微观断口形态。从图 5-15 中观察拉伸试样断口，可以看到电沉积镍层表现为典型的韧性断裂。镍层在拉伸载荷作用下引起的断裂断口宏观形貌粗糙，色泽灰暗，呈纤维状，边缘有与零件表面成 45°的剪切唇，其微观特征主要是断裂面由一些细小的窝坑构成，窝坑实际上

是长大了的空洞核，即韧窝。韧窝断裂[78]是属于一种高能吸收过程的延性断裂，通过空洞核的形成长大和相互连接的过程进行。而且，电沉积镍层断裂后的韧窝形状表现为大小不一的圆形和椭圆形，在拉伸正应力的作用下，微观孔洞周边均匀增长，断裂之后形成近似圆形的等轴韧窝。

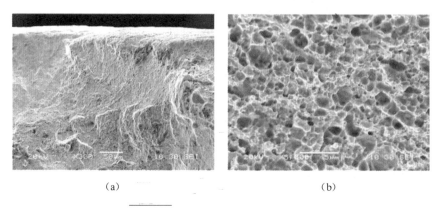

(a)　　　　　　　　　　　　　　　　　(b)

图 5 - 15　电沉积镍层微观断口形态

(a) 纤维状断口形态；(b) 韧窝。

5.3.3　分析与讨论

1. 界面结合强度对力学性能的影响

由典型的结合强度测试样件断裂表面观察可见，树脂基体与化学沉积镍层间界面结合层并没有大面积脱落，而是两者结合紧密，可以说明树脂表面的粗化作用较为明显。黏接拉伸法所产生断裂的表面主要在化学沉积镍层与电沉积的镍层之间的界面，由结合强度应力—应变曲线图也可以看出其界面断裂非常迅速。故电沉积的树脂与镍层界面可以分为两层：①树脂基体与化学沉积镍层间界面；②化学沉积镍层与电沉积镍层间界面。化学沉积镍层与电沉积镍层之间的界面结合强度是影响力学性能的主要因素。树脂－金属界面结合强度对力学性能的影响主要表现在拉伸弹性模量和弯曲模量。

1) 弹性模量

根据复合材料弹性模量理论计算方法可以得到树脂－镍层复合试样的计算公式[64]为

$$E_c = E_m V_m + E_s (1 - V_m) \qquad (5-1)$$

式中：E_c 为复合试样弹性模量（GPa）；E_m 为电沉积镍弹性模量（GPa）；V_m 为镍层体积百分比（%）；E_s 为树脂基体弹性模量（GPa）。

通过复合试样弹性模量计算并与其实验模量对比，由图 5-16 可知，树脂-镍层复合试样实验测量的弹性模量比理论计算值要小很多，主要的原因是实际的树脂-镍层界面结合强度较低，而理论计算的前提是假定树脂与金属界面为完全紧密结合，在拉伸过程中界面不受拉伸应力的影响，因此造成复合试样的弹性模量理论值比实验值偏大。

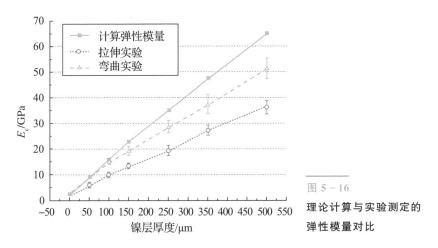

图 5-16

理论计算与实验测定的弹性模量对比

2）弯曲性能

在复合试样弯曲实验过程中，弯曲应力—应变曲线出现中间段跳跃的典型情况。其主要原因可能是弯曲试样的界面结合强度较低。对于树脂-镍层复合试样来说，在弯曲过程中，试样上的作用力形式比较复杂，表现为压应力、剪应力和扭转应力的综合作用，其界面结合部位受多种形式外力影响。而弯曲应力在中间段出现跳跃的原因可能正是树脂-镍界面在多种复杂形式的外力作用下开始出现脱离或断裂，但外部镍层仍然可以抵抗弯曲应力作用，复合试样弯曲应力随应变增大而增大，直到镍层断裂。

复合试样的弯曲性能比拉伸性能增加更显著，这主要是由于弯曲测试对于界面结合力的影响比拉伸测试的影响要大，而且与试样的横截面积相关。总之，界面结合强度对复合试样的拉伸与弯曲性能都存在一定的影响，对弯曲性能的影响尤为显著。

2. 镍层体积百分比对力学性能的影响

镍层体积百分比 V_m 的计算公式为

$$V_m = \frac{2d \times (w + h + 2d)}{(h + d) \times (w + d)} \times 100\% \qquad (5-2)$$

式中：d 为镍层厚度（mm）；w 为树脂试样宽度（mm）；h 为树脂试样高度（mm）；V_m 为镍层体积百分比（%）。

由公式（5-2）可知，若 $w + d = p$，$h + d = q$，则镍层体积百分比 V_m 为

$$V_m = \frac{2d \times (p + q)}{p \times q} \times 100\% \qquad (5-3)$$

由式（5-2）、式（5-3）可知，对于相同厚度的镍电沉积层，镍层体积百分比随试样截面增大而减小。镍层体积百分比不仅与镍层厚度有关，而且与试样截面大小有关。而复合试样的力学性能主要依赖于镍层的强度和刚度，因此当镍层厚度一定时，复合试样的强度和刚度主要依赖于镍层体积百分比，树脂基体截面越大其镍层体积百分比越小，其复合试样的强度和刚度越小。故电沉积提高树脂风洞试验模型力学性能的效果依赖于镍层厚度和模型零件的截面大小。

由于电沉积的精度随厚度增加而减小，为了保证风洞试验模型精度，一般电沉积的树脂风洞试验模型镍层厚度取为 0.1~0.2mm。当镍层厚度一定时，树脂-镍层复合风洞试验模型强度和刚度主要依赖于模型截面尺寸大小。因此，当采用电沉积镍方法提高树脂风洞试验模型的强度和刚度时，电沉积方法只适用于截面尺寸较小的机翼、副翼、前襟、尾翼等薄型风洞试验模型零部件。

而且，对于给定的基体截面，树脂-镍层复合试样的质量和刚度随着镍沉积层的增加而增大。但是，如若改变树脂基体的截面大小和形式，则复合材料的质量与刚度和各组分材料的体积百分比有关。也就是说，树脂和镍层的材料体积组成和质量与刚度相关。因此，为了获得合适的质量分布和合适的比刚度，设计树脂和镍层间的厚度和截面比例关系是关键，这对要求质量分布、刚度相似的动力相似风洞试验模型（静气动弹性、颤振模型）设计与制造具有现实意义。

5.4　电沉积机翼测压模型制造

电沉积的复合型机翼测压模型组件制造流程可以分为以下几个步骤：①根据电沉积工艺要求修改或添加导线工艺孔；②根据预设电沉积镍层厚度对 CAD 模型做向内偏移补偿；③利用快速成形设备制作向内偏移后的树脂模型；④对模型表面进行粗化处理；⑤对模型表面进行导电化处理；⑥电沉积预设厚度的高强度镍金属。

由于电沉积镍层具有一定的厚度，零件进行表面处理之后，必然会引起零件尺寸的变化。通常设计图纸上规定的模型尺寸及公差，都是指电沉积前模型的最终尺寸及公差，应结合最终尺寸事先预留沉积层的厚度及其电沉积的尺寸偏差。装配面不仅存在偏移量与沉积厚度为 2 倍的关系，还存在装配误差的影响，模型偏移设计时应整体考虑。由于化学沉积的厚度一般可以忽略（$1 \sim 5 \mu m$），故基于快速成形的电沉积向内偏移补偿量为 0.1~0.2mm。化学沉积不存在电流在零件上的分配问题，其分散能力基本上是 100%，无论有深孔、盲孔、深槽或形状复杂的工件均可获得厚度均匀的沉积层。图 5-17所示为机翼测压模型化学沉积效果图以及某一测压孔的局部放大效果图。

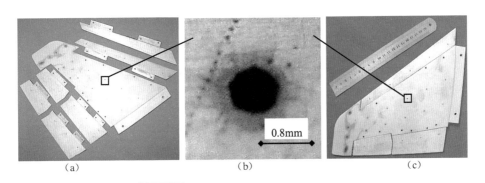

图 5-17　机翼测压模型化学沉积效果图

(a)装配前模型；(b)测压孔放大图；(c)装配后模型。

电沉积在外电场作用下由于电解液分散能力的影响导致镍层在模型表面表现出凸凹不平现象。影响电解液分散能力的因素主要有几何因素和电化学因素。几何因素主要是指电沉积槽的形状、阳极的形状、零件的形状以及零件与阳极的相互位置、距离等，由于几何因素的影响导致尖端放电、边缘效应等影响电沉积过程中电流分布。电化学因素包括极化作用、电流密度、溶液的导电度以及电流效率等。因此，机翼测压模型电沉积过程中主要采取以下方法改善镍层的均匀度：①合理装挂零件，模型主要表面面对阳极并与之平行，使零件处在最佳的电流分布状态下；②根据需要调节阴、阳极之间的距离，在一定范围内，增大阴极与阳极之间的距离改善分散能力；③利用双阳极来改善电流分布；④利用阴极屏蔽降低电力线集中部位的电流密度。图5-18(a)所示为机翼前缘边角形成的电场分布的边缘效应结果，图5-18（b）所示为利用平行挂装和双阳极方式改善电力线分布后机翼模型电沉积效果。图5-19所示为缩比的整机模型电沉积前后效果。

(a)　　　　　　　　　　　(b)

图5-18　电场改善前后电沉积机翼模型效果对比

（a）机翼前缘边角形成的电场分布的边缘效应结果；（b）电场改善后机翼模型电沉积效果。

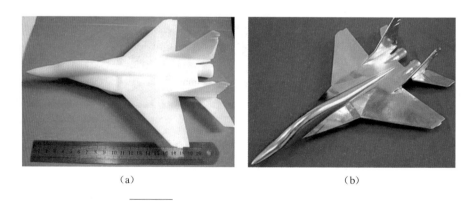

（a）　　　　　　　　　　（b）

图5-19　缩比的整机模型电沉积前后效果

（a）树脂模型；（b）电沉积模型。

图 5 - 20 所示为镍电沉积的机翼测压模型制造实例。图 5 - 20（a）所示为机翼测压模型组件。图 5 - 20（b）所示为主翼梢表面测压孔，经过测试，测压孔道在电沉积后仍为导通状态。图 5 - 20（c）所示为机翼测压模型装配效果图。各前襟、副翼与变角片一体成形，偏角为 0°和 ±20°，变角片的安装部位嵌入机翼内部，不破坏机翼外形，并通过销钉定位装配。由于电沉积后模型装配部位的截面形成多层电沉积镍层，非常有利于增加装配连接强度。

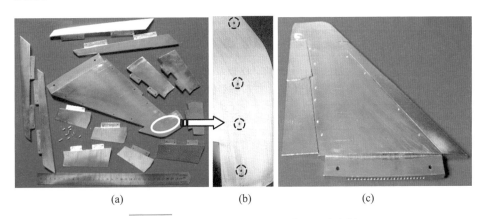

（a）　　　　　　　　　　（b）　　　　　　　　　　（c）

图 5 - 20　镍电沉积的机翼测压模型制造实例

（a）机翼测压模型组件；（b）主翼梢表面测压孔；（c）机翼测压模型装配效果图。

5.5　模型制造经济性分析

传统机械加工方法制造金属风洞试验模型是一个复杂的过程，其中的工艺设计流程就需要耗费大量的时间，国内一套模型工艺设计时间约占整个生产工期的 25%～30%。表 5 - 1 所示为机翼测力模型典型工艺流程[65]，其特点是工序多，效率低。若采用光固化成形工艺，只需对 CAD 模型结构进行一定的修正设计和数据处理即可进入制造。光固化快速成形使模型的凹槽、凸肩和空心等部分制造变得十分方便，无需进行专用工装与刀具设计，无需众多工艺的编排和加工材料的准备，节省出大量的人力、物力和时间成本。而且加工机翼等细长模型时，不用担心机床的振动和切削力等造成变形影响。

表 5-1 机翼测力模型典型工艺流程

序号	工种	工艺内容及要求
1	钳	按草图外形尺寸排孔下料，去毛刺(2件)
2	刨	刨两大面见光平行即可，刨与其相邻两直角面 P、Q 面互相垂直(垂直度 0.05mm)
3	磨	磨两大面平行见光
4	切	按图编切机翼外形(包括两端工艺块)
5	数铣	按数模精铣机翼型面，型面外留 0.1mm 余量
6	检	三坐标检测型面数据及配合尺寸公差
7	钳	划机翼弦平面线、样板站位线，按机翼样板精下样板、精修外型面并流线砂光，按图精划前缘下陷槽线及各变角片槽线
8	铣	按图及参考划线精铣下陷槽及各角片槽
9	钳	配修 0°角片，变角片的外型面与机翼流线过渡，配制各孔，划各襟副翼线
10	切	按图及线编切前、后缘襟副翼(保证机翼主体尺寸)
11	数铣	按图及数模精铣后缘襟副翼
12	切	按图及线切去工艺块
13	钳	与机身装配，配修连接块、安装槽及型面，配制各连接孔

以工程应用的机翼测力模型(320mm×350mm×30mm)和本书提到的测压试验模型(210mm×240mm×16mm)为制造经济性分析对象，测力模型是测压模型体积的 4 倍，将其模型统一缩比为测力模型进行时间和成本对比。光固化成形时间可利用模型体积、有效表面积等参数及支撑结构因素来进行预估。测力模型成形时间为 16~18h，测压模型成形时间为 10~12h。在相同缩比和相同成形条件下，成形时间应是相近的，可取为 16~18h。机翼测力模型的清洗、表面修磨和后固化等后处理时间为 1~2h。由于测压模型存在测压孔的清洗，而且布置的孔越多越难处理，表面修磨也越细致，后处理时间将更多，为 3~5h。化学沉积所花时间约为 2h。电沉积时间与电流密度、沉积层厚度有关，若电流密度为 1A/dm²，则电沉积 150μm 左右的镍层厚度需要的时间为 13h。

表 5-2　风洞试验模型制造时间和成本分析表

模型类型	制造方法	时间
机翼测力模型	光固化(SL)	16～18h/1～2h(成形/后处理)
	电沉积(ED)	2/13(化学沉积/电沉积)
	数控加工(NC)	40～50h
	SL 相对 NC	减少 50%～65%
	SL + ED 相对 NC	减少 15%～35%
机翼测压模型	光固化(SL)	16～18h/3～5h(成形/后处理)
	电沉积(ED)	2/13(化学沉积/电沉积)
	数控加工(NC)	100～120h
	SL 相对 NC	减少 75%～85%
	SL + ED 相对 NC	减少 60%～70%

　　将各制造方法的时间和成本对比分析如表 5-2 所示。快速成形技术与数控加工相比，制造机翼测力模型的时间减少 50%～60%；制造机翼测压模型的时间减少 75%～85%。快速成形和电沉积复合制造技术与数控加工相比，制造机翼测力模型的时间减少 15%～35%；制造机翼测压模型的时间减少 60%～70%。对于测压模型的数控加工，模型越小，制造难度越大，特别是襟翼等的测压孔加工，制造时间越长，制造成本越高，所以使用快速成形制造方法有很大的优势。以上制造时间和成本分析仅出于实验研究阶段，若将风洞试验模型的快速制造方法完善为统一的制造规范，并将各制造环节专业化，可以系统地保证风洞试验模型制造的快速性和准确性。

第6章
测力风洞试验模型的增材制造技术

6.1 引言

测力模型是风洞试验中的基本模型，用于测试气动外形的性能。模型外形几何相似度对测试质量有重要意义，模型的安全性和加工效率对风洞试验调度具有重要影响。风洞试验模型的设计和加工是飞机风洞试验的重要环节，对飞机研制的周期和成本具有重要的影响[18]。目前，实用化的模型均采用金属机械加工的方式实现。金属（优质钢或硬质铝）具有优良、稳定的机械性能，能保证风洞试验安全、稳定地开展，以多轴数控加工为代表的制造技术能够提供令人满意的加工精度。因次，高性能模型的设计和加工均采用金属—机加工模式[3-4]。然而，制造技术和材料科学的进步，为人们重新思考传统模式、发展新的模型设计和加工方法提供了可能。一方面，风洞试验模型是服务于飞机研制的一类特殊工业产品，具有典型的单件小批量特点，飞机研制中对气动布局、外形参数、武器配置、内部结构等会提出多种方案，需要开展大量的风洞试验，因此，模型的设计和制造应能够快速响应飞机设计人员的需求。另一方面，非金属材料（高分子、复合材料等）的发展，已能够为工程应用提供丰富的材料选择。相比金属，通常的高分子和复合材料虽然强度较低，但具有较好的比强度和比刚度，这对设计加工轻质化的风洞试验模型具有重要价值[43-44]。同时，较低的强度和刚度也为飞机模型的开发提供了新的可能，比如燕瑛[66-67]、钱卫[15,66-67]、杨智春[13]、李涤尘[54]等课题组验证了材料的低模量性有助于实现结构相似弹性模型的设计和制造，而采用金属作为模型材料是不可能的。

近年来，国内外多个部门开展了增材制造技术革新飞行器风洞试验模型设计和制造的研究，人们首先将目光聚焦在用非金属模型代替金属模型的可行性研究上。美国航空航天局（NASA）的 Springer 团队[17,25]，美国阿拉巴马大学的 Landrum 团队[39]，加拿大麦吉尔大学（McGill Umversity）的（Chuk）团队[24]，俄罗斯中央气动研究所（TsAGI）Azarov 团队[68]等，于 1990 年代最早开展了相关研究，并证明了增材制造技术用于初步气动研究中风洞试验模型设计和制造中的可行性。美国空军已经将该方法用于 E‐8C 预警机[30]、X‐45A 无人机[34,69]等的研制，取得了良好效果。但是，以上研究大都采用较简单的飞行器结构作为对象[17,25,44,70]（导弹、飞机翼身、标准模型等），很少涉及具有复杂细节特征（如挂弹、可调舵面等）的模型。这些特征的设计和加工能力对实用化模型很重要，也对使用增材制造技术的可行性提出了进一步的挑战。

　　基于传统机械加工方式的金属测力模型存在细节难模拟、零件多、模型重、加工周期长等困难，本章基于光固化成形工艺，利用其虚拟数据‐物理零件的无缝转换优势、复杂结构的一体化成形能力、树脂材料的低密度特性等，发展了高相似度测力模型的设计和制造新方法。本章采用的树脂‐金属复合结构方案，融合光固化成形工艺快速加工复杂气动外形和内部安装结构的优势以及机械加工零件精度较高的特点，设计和制造具有高几何相似度的低速风洞试验模型。树脂‐金属复合风洞模型的结构如图 6‐1 所示。

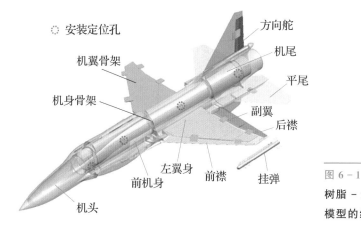

图 6‐1

树脂‐金属复合风洞试验模型的结构

　　借助光固化成形工艺强大的内外结构成形能力，可对模型进行轻质化设计，以提高模型在风洞中的振动安全性和降低成本。该模型包括了飞机原型细节特征，如挂弹、机身鼓包、可调舵面等。因光固化成形工艺的引入，模型的结构得到了简化,零件数得到了减少,提高了模型的几何相似度。根据光固化成形工艺的特点,针对不同的舵面结构,本书详细设计了可用的舵面偏角机构,并提出了保证树脂－金属装配精度的树脂安装孔洞强化方案。通过数值计算对模型进行了强度校核,最后对模型进行了风洞试验,并与金属模型的数据进行了对比。

6.2 轻质化设计

6.2.1 优化策略

本章的目的是设计和制造一个轻质化的刚性模型,减重设计是核心问题。SL 技术的优异成形能力及其所用材料的低密度性[24,71],为减重设计提供了新的可能。一方面,轻质的树脂替代较重的金属用以制造模型的外壳,这能在很大程度上减小模型重量;另一方面,只在模型内部起支撑作用而不参与气动外形的构成的金属部件,其结构可以尽量简化,提高其加工工艺性,而这有助于改善模型设计和加工的周期与成本。

如图 6-2 所示,整个设计流程可分为两大步骤:初始设计和结构优化。其中,初始设计以天平尺寸、零件工艺性、试验工况和气动外形等为输入参数,获取金属骨架——机身柱体和机翼平板的初始结构,并校核其在极端工况

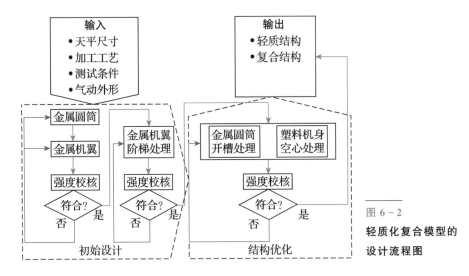

图 6-2

轻质化复合模型的设计流程图

下的强度和刚度。树脂外壳的初始结构由气动外形减去金属骨架获得。减重是接下来结构优化的目标。在这一步，金属骨架和树脂外壳的结构会被进一步优化，以减小模型总重量。

6.2.2　初始设计

金属骨架和树脂外壳的基本结构会在这一步确定。机身柱体的基本尺寸包括内壁直径、壁厚和柱体长度，轻质化的模型要求这三个尺寸尽量小。柱体内壁直径受试验用天平的限制，一方面根据柱体和天平的稳固装配要求设计了圆锥连接结构（图 6-3）；另一方面要确保内壁和天平支杆间留有足够间隙以避免试验中两者的干涉，一般取 10mm。柱体的长度要在满足机翼骨架、树脂外壳等的安装要求下，尽量短。最小壁厚的选择主要考虑细长部件的加工工艺性和模型的承载要求，一般选 5mm。对于机翼骨架，其平板外形尺寸和厚度决定于附属结构——树脂外壳、控制面的安装和模型的承载要求。树脂外壳初始结构的获取在上述骨架结构的基础上获得。SL 技术优异的复杂结构成形能力使得树脂外壳的设计相对简单，只需将模型的外形几何与骨架几何做布尔减法即可。

使用有限元分析法（finite element analysis，FEA）对获得的初始模型进行静力分析，获取其强度和刚度数据。以模型足够承载能力为约束变量，可以对初始模型（如机翼平板）进行优化设计，以进一步降低模型重量，如图 6-3 所示，金属机翼的平板结构被进一步优化为台阶结构，因机翼悬臂梁的受载特点，相比均一厚度的平板，台阶的结构效率较高，重量自然更低。为此，需要建立相应的结构优化数学模型，使用自动优化的方法获取最优解。该结构优化问题的数学模型可表达为

$$\begin{cases} \text{minimize} & f(\boldsymbol{x}) \\ \text{subject to} & \boldsymbol{x}^l \leqslant \boldsymbol{x} \leqslant \boldsymbol{x}^u \end{cases} \qquad (6-1)$$

1. 目标函数

优化的目标是获取最小的结构（此处以金属机翼平板为例）重量，所以目标函数可以表示为

$$f(\boldsymbol{x}) = w_{\text{MetalWing}}(\boldsymbol{x}) \qquad (6-2)$$

2. 优化变量

如图 6-3 所示，金属机翼平板划分为若干优化区域，区域的厚度沿后缘—翼梢向前缘—翼根递增。优化变量包括区域的厚度和区域的定位。优化变量可表示为

$$\boldsymbol{x} = (\boldsymbol{x}_{\text{Thickness}}, \ \boldsymbol{x}_{\text{Distance}}) \tag{6-3}$$

其中，厚度向量和定位向量由如下尺寸标量构成：

$$\boldsymbol{x}_{\text{Thickness}} = (w\_t1, w\_t2, w\_t3, w\_t4) \tag{6-4}$$

$$\boldsymbol{x}_{\text{Distance}} = (w\_d1, w\_d2, w\_d3) \tag{6-5}$$

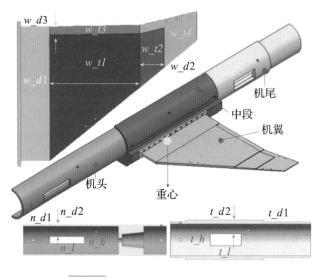

图 6-3　金属骨架结构及其优化变量

3. 约束变量

设置约束变量的目的是保证优化结果的合理性和工艺性，如承载要求、极限加工尺寸要求等。本章中以最恶劣试验工况为载荷核算条件；最小极限尺寸的设定以加工工艺性为准，一般大于 0.5mm；最大极限尺寸以内嵌金属骨架不超过外壳为准。

6.2.3　结构优化

结构优化是在初步设计的基础上，对模型的结构进行进一步优化，在进

一步减低模型重量的同时保证模型的重心在设计位置。这一步主要优化对象是金属机身柱体和机身处的树脂外壳,前者的多余重量通过挖槽的方式去除,后者无必要的内部实体会被空心化,如图 6-3 所示。增材制造技术对复杂内部结构的成形能力增加了减重设计的自由度,是模型轻质化设计的基础。本节优化计算的数学模型可表达为

$$\begin{cases} \text{minimize} & f(\boldsymbol{x}) \\ \text{subject to} & \boldsymbol{x}^l \leqslant \boldsymbol{x} \leqslant \boldsymbol{x}^u \end{cases} \tag{6-6}$$

1. 目标函数

模型的总重量的最小化是设计的目的,因此目标函数可表示为

$$f(\boldsymbol{x}) = w_{\text{Model}}(\boldsymbol{x}) \tag{6-7}$$

2. 优化变量

如图 6-3 所示,优化变量为参与优化设计部件(如金属机头、金属机尾和树脂机头)的参数化尺寸。因此,总优化变量向量可表示为

$$\boldsymbol{x} = (\boldsymbol{x}_{\text{MetalNose}}, \ \boldsymbol{x}_{\text{MetalTail}}, \ \boldsymbol{x}_{\text{PlasticNose}}) \tag{6-8}$$

本项目通过在金属机身上开槽的方式降低重量,参数化尺寸包括开槽的位置和大小,因此金属机头和机尾的变量向量如下:

$$\boldsymbol{x}_{\text{MetalNose}} = (n\_l, n\_h, n\_d1, n\_d2) \tag{6-9}$$

$$\boldsymbol{x}_{\text{MetalTail}} = (t\_l, t\_h, t\_d1, t\_d2) \tag{6-10}$$

图 6-4 所示为树脂外壳空心化设计的方案。机翼附近承载量较大,出于安全考虑,机翼及附近的机身段没有参与此轮优化设计。其余树脂外壳部件都进行了空心化处理,包括树脂机头、树脂中机身和树脂机尾。其中,树脂中机身和树脂机尾保留 2~5mm 的安全壁厚,进行了非参数化的抽壳处理,不再参与后续的优化计算;树脂机头的空心化包括参数化和非参数化两部分,参数化的空心化参与优化计算。如图 6-4 所示,绿色标注的面通过非参数化的抽壳操作获取,而蓝色面则进行了参数化空心处理。机头参数化空心操作由前、中、后三个圆截面控制,其中,最大的后截面因与金属机头配合,其尺寸固定,其他两个圆截面的尺寸和位置可以作为优化变量,其向量表达式为

$$\boldsymbol{x}_{\text{PlasticNose}} = (pn\_r1, pn\_r2, pn\_d1, pn\_d2) \tag{6-11}$$

图 6-4　树脂外壳空心化设计的方案

3. 约束变量

约束变量的设定原则与 6.2.2 节相同。另外，本轮优化还加入了模型总重心位置的约束。

6.3　可调舵面的实现

舵面机构包括主机翼的襟翼及副翼，垂尾和平尾的方向舵、升降舵等操作面，是保证飞机气动性能、实现飞机飞行控制的核心。在飞机研制中，有大量模型需要配备偏角可调的舵面机构。

6.3.1　舵面调节机构

舵面操纵机构改变舵面偏角时，既要方便又要准确，且需保证在试验过程中，各操纵面偏角不因空气动力的作用而变化[4]。因此，本书针对不同舵面设计了相应的舵面调节机构，分为主机翼和垂直尾翼的舵面和全动平尾。

1. 主机翼和垂直尾翼和舵面

主机翼和垂直尾翼的安装位置较大，可以采用变角片的调节方式。如

图 6 - 5(c)所示，根据试验内容加工一系列的变角片，改变舵面偏角时通过更换不同的变角片来实现。这种方式具有模型表面光滑、连接可靠、角度重复定位精度高的特点[15]。

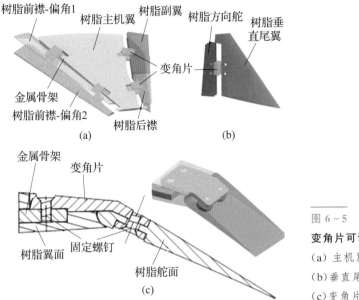

(a)

(b)

(c)

图 6 - 5

变角片可调舵面方案

(a) 主机翼上的可调襟翼和副翼；
(b) 垂直尾翼上的可调方向舵面；
(c) 变角片的结构。

图 6 - 5(a)所示为主机翼上的舵面控制机构。金属变角片通过螺钉安装在树脂主机翼内部的金属骨架上，而舵面（副翼、前后襟翼）则通过螺钉安装在变角片上。在试验中，只需更换变角片就可以实现舵面的不同偏角。垂直尾翼也采取类似的设计方案（图 6 - 5(b)），不同的是树脂垂直尾翼内部没有金属骨架，所以变角片直接安装在树脂安装孔内。因为 SL 技术强大的成形能力，所有安装孔均可以一次一体加工，不需要后续打孔。需要指出的是，为保证重复拆装过程中树脂件的安装精度，本书中还对安装孔进行了强化处理。

2. 全动平尾的舵面

对于安装空间较小翼面的全动平尾，本书采取了旋转轴－定位销的控制方案。如图 6 - 6 所示，分别内嵌于树脂机身的金属基座和树脂平尾的金属旋转轴是实现全动平尾偏角的主要部件。该全动平尾能够实现 3 个不同的偏角，分别由 3 个朝向不同方向的销钉孔执行。

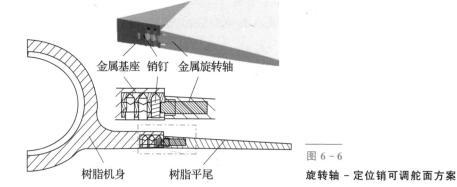

图 6 - 6　旋转轴 - 定位销可调舵面方案

金属零件能够获得很高的加工精度，因此本方案的偏角精度主要取决于金属基座和金属旋转轴在树脂基体内的装配精度。这部分内容将在下节讨论。

6.3.2　树脂-金属装配

如上讨论，模型整体装配精度的保证取决于树脂-金属间的装配精度。

如图 6-5 和图 6-6 所示，通过 SL 技术整体加工的树脂安装孔是主要的树脂-金属装配定位结构，其加工精度对装配精度有直接的影响。根据 SL 加工精度研究，通过预设一定的补偿尺寸和优化相应的工艺参数（成形方向等）能够提高孔洞加工精度[72]。但是即使采取优化措施，带曲面的孔洞依然难以达到金属同量级的加工精度。同时，模型通常需要进行多次的拆装，而树脂安装孔在拆装过程中因磨损而损失定位精度。为此，本书提出了在树脂安装孔内安装金属轴套的方式。一方面，金属轴套避免了树脂直接参与装配而起到保护作用；另一方面，金属轴套可采用外部的定位结构来避开树脂孔洞直接定位带来的精度下降。针对不同位置孔洞的尺寸大小，本书提出了两种安装孔强化方案[59]。

1. 直接定位方法

如图 6-7(a)、(b)所示，以 SL 加工的孔洞的阶梯孔面作为定位基准，直接将金属套筒涂上胶黏剂后压入定位孔，在非定位面处需留出一定的间隙便于胶黏剂的固化连接。轴向定位面为阶梯孔的上表面为平面，能够保证较高的加工和定位精度；而径向定位面为孔洞内表面，需要工艺优化。

这种定位方法适合于有较大安装位置的区域，优势是所有定位面均采用 SL 一次整体加工，工艺简单；不足是定位精度完全取决于树脂孔的加工精度，在机身等大尺寸区域能够满足要求，但对于舵面等细小特征的定位精度却难以保证。

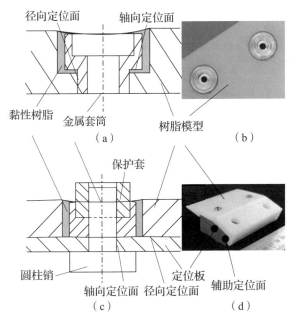

图 6 - 7
树脂件装配孔强化方案
(a)直接定位结构示意；
(b)直接定位实例；
(c)辅助定位结构示意；
(d)辅助定位实例。

2. 辅助定位方法

如图 6 - 7(c)、(d)所示，采用圆柱销和金属套筒来辅助高精度的定位和安装。套筒最大长度应不高于黏结孔所在的飞机翼面，防止对翼面形状造成影响，而后在销钉上插入保护套，对黏结剂流入套筒沉孔起预防作用。金属套筒的轴向和径向定位面分别为定位板销钉配合孔和定位板平面，能够保证精度。对于定位板与树脂基体的定位，可以使用位于孔洞外面的辅助定位结构。如图 6 - 7(d)所示，辅助定位结构为平面，便于 SL 高精度加工。因此，该方案能够保证较高的定位精度。

套筒外表面滚网纹，加大胶体与表面的镶嵌作用，以增强黏结性能；为了方便黏性树脂的注射流动或对光敏树脂进行充分的紫外光照射，同时还要保证黏结强度，套筒外表面与黏结孔的间隙取为 1~3mm，可根据黏结孔的高度调节连接间隙。

6.3.3 舵面制造精度

1. 成形变形

由于分层累加成形原理，模型的增材制造主要误差如下：

1）截断误差

对待加工零件的数据进行分层处理，高度方向会因为末端截断造成精度损失。如图6-8(a)所示，待加工零件总高度为H，分层厚度为Δt，零件某段余量高度为Δh，当$\Delta h < \Delta t$时，数据离散处理时，该高度会被忽略，从而引起精度损失。

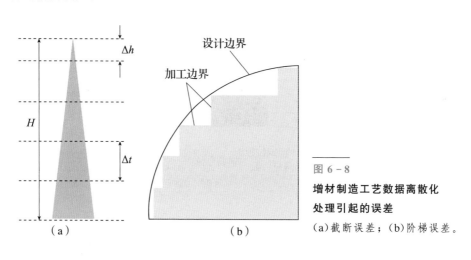

图6-8

增材制造工艺数据离散化处理引起的误差

(a)截断误差；(b)阶梯误差。

2）阶梯误差

如图6-8(b)所示，因折线代替曲线，模型的光滑曲面在成形过程中会发生阶梯误差（"台阶效应"），造成模型气功外形精度的降低。

在成形的数据准备阶段，尺寸补偿方法可降低以上误差带来的影响。如图6-9所示，针对飞机模型中常见的尖细结构和扁平结构，可对相应特征进行偏移处理。在成形后处理阶段，对模型的相应偏移特征进行打磨，提高成形精度。对于本章所加工飞机模型，偏移量0.2mm。

2. 成形补偿

增材制造工艺所产生的型面精度误差与实体表面的法向方向、曲率半径以及分层厚度有关，在光固化成形工艺中可以从减小分层厚度、优化制造方向等方面来提高制件的型面精度。但是飞机模型的外形复杂，尤其是飞机机翼部分，不同部件的精度要求也不相同，单一的成形方向不足以满足不同表面的型面精度。因此，可以结合不同的成形方向对部件进行偏移补偿设计。另外树脂成形过程主要靠单体分子进行的聚合化学反应，树脂不可避免地产生体积收缩，特别是与金属骨架配合的孔、槽等结构，收缩尺寸较大，因此也必须要对此类结构进行偏移补偿设计。在进行偏移补偿时应结合骨架实际尺寸，适当做细微调整。

机头尖端等尖细结构，其薄尖部分很可能因增材制造工艺的影响而造成加工特征的丢失，在成形过程中形成一定弧度的圆角，不仅改变了机头的外形特征，也使机头沿 x 轴的长度尺寸减小，因此在设计中将机头尖端部分的形貌特征向外偏移，不仅可以弥补增材制造的加工误差，还可以抵消模型后处理的修磨量，如图 6‑9(a)所示，选取机头前端 5mm，向外偏移 0.2mm。

机翼前襟等扁平结构，由于其翼型截面呈 50°夹角成形，台阶效应使前襟前缘在水平面方向上有一定的尺寸收缩，为了保证前缘的尺寸精度我们在前缘向外偏移 0.2mm，如图 6‑9(b)所示。

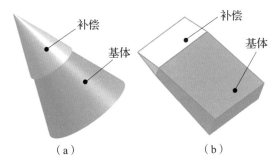

图 6‑9

极端结构成形时的尺寸补偿

(a)尖细结构；(b)扁平结构。

6.4　案例研究

6.4.1　模型设计

某型飞机低速风洞模型的结构如图 6‑1 所示。全部气动外形均采用 SL 加工，包括机身、主机翼、垂尾、平尾、挂弹机翼和全部舵面(如前襟、后襟、副翼、方向舵和可动平尾等）。为提高模型强度和保证装配精度，在树脂气动外壳内部镶嵌了机械加工的金属骨架（机身内部的金属套筒，主机翼内部的金属板）。所用材料的力学性能参数如表 1 - 3 所示。树脂外壳由一种光敏树脂加工，机翼骨架和各连接部件（如舵面上的变角片等）由 40Cr 钢加工，其他骨架的材料为 45 钢。本书使用的试验风洞为中国航天空气动力技术研究院 FD - 09 型低速风洞，试验段截面尺寸为 3m×3m，模型尺寸缩比系数为 1∶10，机身长度和展长分别约为 1.5m 和 0.9m。SL 设备最大加工尺寸为 0.60m×0.60m×0.45m（SPS600B，西安交通大学），因此树脂外壳需要分割加工。同时，该分割也为模型的安装和装配提供了可能。该模型的分割方案如图 6 - 1 所示，机身的分割避开了重要气动部位，机翼和机身的一体加工（左右主机翼—中机身和垂尾—后机身）能够避免机翼和机身接缝处的气动干扰。所有舵面和挂弹均采用分别加工后安装的方式。

优化设计后模型的重心设计误差如表 6 - 1 所示，设计精度很好，其误差可以忽略。

表 6 - 1   优化设计后模型的重心设计误差

坐标	目标值	设计值	误差/%
x /mm	841.47	838.87	- 0.31
y /mm	10.00	9.97	- 0.30

优化设计后模型的重量如表 6 - 2 所示。经过优化设计后的复合模型，相比全金属模型，其减重率接近 50%，即减少一半的重量。

表 6 - 2   优化设计后模型的质量

模型/部件	金属模型	复合模型—初始设计后	复合模型—优化设计后
金属骨架 /kg	69.10	27.51	26.46
树脂外壳 /kg	—	15.29	9.96
全部 /kg	69.10	42.80	36.42
减重率 / %	—	38.06	47.29

6.4.2   模型校核

为确保风洞试验安全有效，在试验前，需要对模型的承载和振动情况进行校核。其中，承载校核指考察模型在极端试验工况下的强度和刚度是否满足要求，本项目通过 CFD – CSD 组合方法进行[74]。振动校核是为了确保模型—天平—支杆系统的一阶固有频率避开吹风峰值频率（与风洞及工况有关，由风洞试验部门提供），本项目通过有限单元法计算模型—天平—支杆系统的固有频率。

1. 气动分析

因为飞机相对机身中面对称，为减小计算工作量，可校核半模型。本项目使用三维平均不可压缩流的 NS 方程（3D reynolds averaged non – compressible Navier – Stokes equation）来建立 CFD 分析模型，离散建模方法为二阶有限体积法（finite volume method，FVM）[75–78]，采用 $k-\omega$ 湍流模型。在流固截面上，使用了式（6 – 12）的非滑移边界条件，其中边界无传热，做了绝热处理[79]。

$$u = v = \omega = 0, \ \partial P/\partial n = 0, \ T = T_{a\omega} \qquad (6-12)$$

式中：u、v、ω 分别为流体速度分量；P 为流体压力；n 为界面法向；T 为流体温度；$T_{a\omega}$ 为壁面温度。

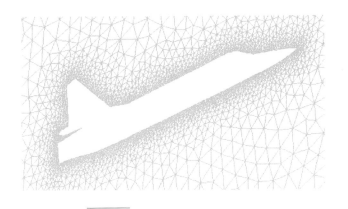

图 6 – 10　**CFD 分析中的气动网格**

CFD 流场网格为四面体非结构网格，单元总数在 100 万量级，如图 6 – 10 所示。气动分析的输入参数如表 6 – 3 所示。来流气压和参考温度均取自风洞数据，流体速度和攻角为本次试验极端工况。

表 6-3　气动分析参数

气动参数	数值
来流气压 P/atm	1
参考温度 T/K	300
流体速度 v/(m/s)	50
攻角 α/(°)	8

图 6-11 所示为 CFD 计算得到的流场在模型机翼下表面的压强分布情况，符合预期。气动载荷会导入到后续的结构分析中，进行载荷校核。

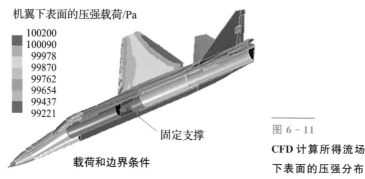

机翼下表面的压强载荷/Pa

100200
100090
99978
99870
99762
99654
99437
99221

固定支撑

载荷和边界条件

图 6-11

CFD 计算所得流场在模型机翼下表面的压强分布

2. 承载校核

承载校核的目的是校核模型在极端气动载荷下的强度和刚度表现，以 CFD 计算的气动力为载荷，利用 CSD 方法求解。数学模型如式（6-13）所示[80-81]，离散方式为有限元法。

$$[M]\{\ddot{q}(t)\} + [C]\{\dot{q}(t)\} + [K]\{q(t)\} = F(t) \qquad (6-13)$$

式中：$[M]$、$[C]$ 和 $[K]$ 为广义质量矩阵、广义阻尼矩阵和广义刚度矩阵；$F(t)$ 为广义载荷矢量，模态求解时为 0；$\{\ddot{q}(t)\}$、$\{\dot{q}(t)\}$ 和 $\{q(t)\}$ 分别为广义加速度矢量、广义速度和广义坐标。

选择了 4 个极端条件为校核工况，如表 6-4 所示，所有工况中吹风速度和攻角均为最大值，分别为 60m/s 和 8°。工况 1 校核模型整体强度和刚度，所有控制面均在初始位置；工况 2、工况 3 和工况 4 分别校核方向舵、前襟和后襟/副翼的强度和刚度，相应控制面在最大打开位置。

表 6 - 4　复合模型的风洞试验工况

状态		模型状态			控制面状态		
编号	测试	攻角 $\alpha/(°)$	速度 $v/m·s^{-1}$	侧滑角 $\beta/(°)$	前襟偏角 $\delta_{lef}/(°)$	后襟偏角 $\delta_f/(°)$	方向舵 $\delta_r/(°)$
1	巡航	A10	50，60，70	0	0	0	0
2	侧滑角	A10	50	-2，2，4	0	0	0
3	前襟	A10	50	0	24	0	0
4	后襟	A10	50	0	24	25	0
5	方向舵	A10	50	0	0	0	15，25

注：* 攻角变化范围：A10 = -4°，-2°，-1°，0°，1°，2°，4°，6°，7°，8°

计算得到的模型(包括金属部件和树脂部件)应力及变形分布如图 6 - 12 所示。当安全系数为 2 时，模型所用钢和树脂材料的许用强度分别为 194 MPa 和 15.6MPa，模型在所用极端工况下的最大应力均小于许用值，强度安全。

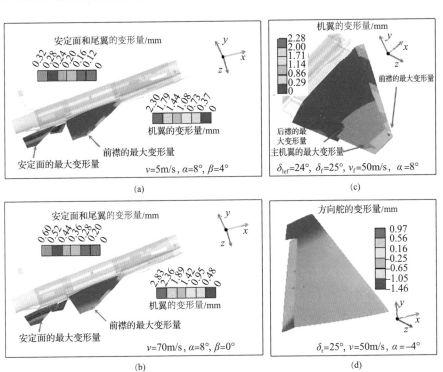

图 6 - 12　模型金属部件和树脂部件的应力及变形分布

3. 振动校核

为避免吹风过程中模型发生共振破坏，需要校核模型－天平－支杆系统的第一阶固有频率，确保其避开风洞的吹风脉动极值频率[82]。FD－09风洞的该频率值约为10Hz(极限风速100m/s下)，设计要求模型－天平－支杆系统的第一阶固有频率大于该值。系统的固有频率由其刚度、阻尼和质量特性决定[80]，在前两个参数一定的前提下，系统质量越小则其第一阶固有频率越高，相应的振动安全性就越好。

如表6-5所示，纯金属模型、初始复合模型和优化复合模型(经过优化减重设计)的第一阶固有频率依次增大，优化后的模型具有最大值21Hz。模型－天平－支杆系统的第一阶固有模态如图6-13所示，围绕支杆沿 y 轴的上下摆动，其决定因素为支杆刚度、支杆阻尼和系统质量。模型的前两个参数都相同，模型重量是决定因素。优化后的模型相对纯金属模型，具有较小的质量(减重约50%)，所以其第一阶固有频率较大。该值远大于风洞波动极值频率(10Hz)，因此复合轻质模型的振动安全性良好。

表6-5 不同模型的第一阶固有频率

模型	第一阶固有频率/Hz
金属模型	10
初始复合模型	16
优化复合模型	21

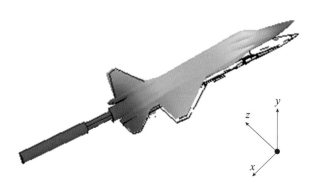

图6-13 模型－天平－支杆系统的第一阶固有频率

6.4.3　风洞试验

加工装配完毕的模型安装在风洞天平支杆上，如图 6-14 所示。相比本书中制造的模型，作为对照的金属模型有两处差异：其一，在机头和前襟前缘粘贴有人工转捩条；其二，进气道自然通气。结构差异引起的风洞试验结果的偏差将在下节讨论。

图 6-14

安装在 FD-09 风洞中的模型

根据优化设计法安排了测试工况，如表 6-4 所示。风洞试验测试了攻角、吹风速度、模型侧滑角、各控制面变形角等因素对模型气动参数的影响。

6.5　分析讨论

6.5.1　对比分析

本节讨论模型设计和制造的经济性，主要讨论模型的零件总数、总质量、加工周期和加工成本，如表 6-6 所示。

表 6-6　复合模型和金属模型的各指标对比

项目	复合模型	金属模型	比率/%
零件总数	31	60	52
总质量/kg	36.84	69.90	53
加工周期/h	264	1500	12
加工成本/RMB	250000	1000000	25

1. 零件总数

如表 6 - 6 所示，复合模型的零件总数相比金属模型的减少约 53%，这主要得益于 SL 工艺的一体化制造。模型零件数的大幅减少有助于缩短模型加工周期，对模型总体可靠性也有积极意义；较少的安装面降低了对安装零件的需要，意味着模型总重的降低；一体化的外形能减小气动间隙引起的数据波动，对提高数据可靠性具有明显意义。

2. 模型总重

复合模型的总重较金属模型的减低约 53%，如表 6 - 6 所示。除了得益于如前所述的零件总数的减少，还有两方面决定因素：一方面，复合模型使用树脂替代金属组成气动外形，如表 1 - 3 中材料性能所示，前者具有较小的密度；另一方面，减重优化设计去除了质量，对复合模型的减重具有重要影响，而这两个方面都有赖于 SL 工艺的引入。

3. 加工周期和成本

模型加工周期和成本的改善更加明显，如表 6 - 6 所示，复合模型的这两项参数只有金属模型的 12% 和 25%。一方面，由 SL 加工的树脂气动外形受 SL 技术和材料的直接影响，能够大大降低周期和成本；另一方面，机械加工的金属零件因只在内腔提供强度和刚度，其结构可大大简化，其加工周期和成本也可得到优化。除此之外，模型的设计效率也得到了提高。虽然难以定量分析，但经验表明，引入 SL 技术后，加工工艺对模型结构的约束大大降低，特别是 SL 技术具有较好的复杂内外结构加工能力，设计人员可依靠优化设计工具选择性能最优的内外结构，模型设计难度大大降低[83-84]。

由以上分析，基于 SL 加工的复合模型具有较好的经济性，特别是在零件总数减重和加工周期方面具有明显的优势，这体现了以 SL 技术为代表的增材制造技术的特点。相比金属模型，SL 复合模型的总质量降低约 53%，实现了测力模型的进一步轻质化，这是传统加工技术无法达到的，这对模型的准备、运输、测试安全性等都有积极意义。同时，对比试验表明，在基本状态下，全 SL 树脂外形的复合模型得到了匹配性较好的数据，特别是基本升力系数曲线 C_L-α，与金属模型所得几乎重合，精度较高。这说明了新实现方法得到的模型能够用于基本的测试项目。

6.5.2　技术局限性

虽然基于 SL 技术的模型实现具有以上优势，体现了很高的应用价值，但依然存在需要改进之处。一方面以上结论来自于案例研究，由个别对象得出的结论推广到更大的范围，需要对其适用范围做更细致的讨论；另一方面，本书提出的技术方案也有一定的适用对象，对于一般的风洞试验模型的适用性需要做进一步的讨论。

1. 案例研究的对象

案例研究对象为某单发轻型战斗机，全机长为 14.97m，翼展长为 9.46m，机高为 4.78m，采用了三角翼中等展弦比边条翼正常式气动布局，最大起飞质量为 12474 kg，最大飞机速度为 $Ma1.8$，最大过载约为 8g。相比其他类型的飞机(重型战斗机、运输机等)，其模型的受载较小、结构应力较小。本章所述模型为该战斗机的全机测力模型，进气道简化为锥形堵块，所有舵面均可调节；使用的试验风洞为中国航天空气动力技术研究院 FD-09 低速风洞，试验段截面尺寸为 3m×3m，相比其他低速风洞(如 FL-13 风洞试验段为 8m×6m/16m×12m)，该风洞使用的模型尺寸较小。本书试验中的吹风范围在低速阶段(最大达 70m/s)，攻角、侧滑角调整范围较小，舵面调节范围正常。因此，本书研究对象是较小模型、控制面效应、低速试验的代表，对于大载荷原型、大尺寸模型、大攻角范围、高速吹风试验的推广应做专门的验证。

2. 测试的数据广度

本书中对复合模型做了充分的风洞试验，包括基本巡航试验、侧滑偏角试验、前襟效率试验、后襟效率试验和方向舵效率试验，对试验结果进行了分析；为了研究复合模型所得数据的精确性，将基本巡航的数据与金属模型进行对比，得出了初步结论。但本书中的测试数据仍需要进一步拓展：①本书中未进行全动平尾效率测试，需要进行补充；②对所有结果仅仅进行了趋势性的定性分析，虽然有助于得到初步结果，但对更精细的分析，略显不足，需要完善；③金属模型的对比数据不够充分，特别是缺少舵面效率方面的对比数据，需要进一步拓展。

3. 全树脂外形的问题

通过强度校核试验可知，所设计模型方案可满足本研究试验需要，但结果表明树脂强度余量较小，且模型变形较大。进一步分析可知，存在这这该问题的主要部位在舵面，特别是受力较大的副翼和后襟。对于本书中提出的对象、试验范围，全树脂的舵面是安全的，在基本无偏转状态下，其可靠性较高，可用于气动数据的采集，但是对于有舵面偏转、大攻角、高速试验和其他高载荷类飞机模型，这将是严重的问题。因此这部分不适合采用 SL 树脂加工，需要借助金属机械加工的方式实现。

本书提出的实用化轻质模型实现方法的优势是模型的轻质化和实现的经济性，因此需要讨论这部分零件改由金属机械加工后对技术整体效果的影响。两种方案的零件总数和装配难度没有变化，需要考虑对模型质量和加工周期/成本的影响。如表 6-7 所示，舵面（包括尾翼等）改由铝合金或钢加工后，模型整体的增重分别为 0.91kg 和 3.67kg，据表 6-2 可知，优化设计后复合模型的总质量为 36.42kg，即使将所有的控制面（包括尾翼）都改成 40Cr 钢，其增加的质量也仅约 10%，相比全金属模型仍有约 40% 的减重，其轻质的优势依然明显。可见，将舵面改由金属加工，对复合模型的轻质化效果影响较小，如果考虑可根据试验载荷的需要，仅替换部分高载舵面（如后襟、副翼）为金属而保留其他舵面的材料为 SL 树脂，这种影响可能进一步降低。类似地，舵面（部分或全部）改由金属机械加工后，复合模型加工的周期和成本可能会有所延长和提高，但相比全金属模型实现方案，仍保持一定的优势。

表 6-7   模型舵面材料的变化对质量的影响

质量/kg	后襟	副翼	方向舵	前襟	水平尾翼	垂直尾翼	总重
14120 树脂	0.094	0.026	0.014	0.155	0.143	0.187	0.619
7A04 铝合金	0.234	0.064	0.033	0.384	0.356	0.461	1.532
40Cr 钢	0.654	0.179	0.093	1.074	0.996	1.291	4.287

因此，充分利用 SL 工艺和其他加工工艺及 SL 树脂材料和金属材料的优势，融合两种模型实现方法的优势，基于本项目的研究，提出一种可拓展技术适用范围的模型实现方案：①维持树脂外壳—金属骨架的主结构不变；②树脂用在机身、主机翼结构等截面尺寸较大的部位，有较高的强度余量，

具有较大的拓展性，预计高载荷气动布局、高速试验方面所用模型的类似部位；③对于较薄弱的边角部位，改用高强度金属机械加工的方式实现（如各个舵面），特别是承力较严重的副翼、后襟翼等。具体替代范围，由不同试验对象、试验范围，根据强度校核结果来决定。这种新方案对模型设计、模型零件总数、装配工艺没有影响，对模型总重量和模型加工周期性和成本有较小的影响，基本上保留全 SL 树脂气动外形的技术方案的优势，但却使得复合轻质模型有望推广到其他高载荷试验中。

第7章
测压风洞试验模型的增材制造技术

7.1 引言

7.1.1 风洞试验模型的测压方法

测压试验的主要目的是为飞行器及其各部件结构的强度计算提供气动载荷分布的原始数据，为研究飞行器及其各部件的气动性能、研究围绕模型的流动特性提供试验依据。通过压力分布测量可以确定机翼上最小压力点位置、气流分离特性以及作用在模型上的升力、压差阻力和压力中心的位置等信息[3]。最常用的测压系统是要制造一个专用的测压模型，在需要测压点的位置处，沿表面法线方向开一个测压孔，通过测压管与压力计或压力传感器等测量设备相连。这种测压系统不仅整个系统很复杂，对模型周围的流场造成了一定干扰，而且数据的处理也十分烦琐。带有压力转换阀压力传感器的引入，使得该情况有了一定的改进。

俄罗斯、美国和欧洲从 20 世纪 90 年代开始一直致力于研究基于压敏涂料（pressure sensitive paint，PSP）的光学压力分布测量方法和技术。与传统的基于压力传感器的测压技术相比，这种技术是一次革命性的进展。在被测模型表面涂上对气流压力敏感的涂料，其荧光强度随气流压力而变化，以此光学方法测量出被测区域的表面压力及其分布。这种非接触测量方法灵活、方便，大大节省成本和时间。测量整个模型表面的压力分布时不再需要制造压力孔、压力管道以及布线，可以节省制造专用测压模型的昂贵费用。更重要的是，所获得的压力数据是连续的、大范围的，尤其无法装设测压管路区域的压力也可以通过这种方法测量到[85]。但在低速风洞中，由于模型表面所受压力处于较低的状态，压敏涂料 PSP 技术存在测试精度的问题。对于风速小于马赫数 0.4 的低速风洞试验来说，基于 PSP 的光学压力分布测量方法还不能够被应用，其主要原因在于低速低压吹风试验中压敏涂层发光强度较弱，给光学检测和图像数据的处理带来了很大困难，很难达到测试的要求。就目前的水平，光学测压方法还仅仅适合于跨、超声速风洞试验。该技术要达到能够完全代替开孔测压的水平还有许多工作要完成，诸如国产涂料的灵敏度、稳定性和寿命等性能，涂料材料、成膜技术、数据采集和处理方法以及校准方法等技术问题，每一项都是很大的研究工作。因此，该技术的工程应用还有一段路要走。综上所述，光学测压具有广阔的应用前景，但目前在低速风洞试验依然只能采取开孔测压的方法。

7.1.2　测压风洞试验模型的要求

　　模型测压剖面和测压点的选取依据是试验任务和模型实际可能布置测压点的情况。对机翼而言，一般情况下，二元翼型测压剖面可取 2～7 个，三元机翼测压剖面一般取 3～5 个。另外，测压点沿弦向在翼剖面上、下表面应不少于 15 个，通常可布置在机翼上、下表面的 0%、1.25%、2.5%、5%、10%、15%、20%、30%、40%、50%、60%、70%、80%、90%、95%、100% 等弦向位置上。在压力变化比较剧烈的区域如机翼前缘附件等位置，可适当增加测压点的数量。如果进行大规模的测压试验，对测量设备及测量技术的要求将会更高，例如，在 2.4m 风洞中可完成测压点数量上千的测压试验[86]。测压模型内部的测压管一般采用内径为 0.4～1.2mm 的紫铜管或者经退火处理的不锈铜管。对测压管道的要求有以下几点：

　　(1)测压管长度应尽量短，如果需要引出到模型外部，可用树脂管接出，树脂管在模型上的拖出位置应考虑绕流干扰小和方便安装两个方面。

　　(2)测压管要求走向清楚、排列有序，并且与对应序号的测压孔标识准确。

　　(3)试验前必须仔细检查所有测压管道的气密性和通气性。

　　(4)测压孔道加工时，应避免测压管直角拐弯以防止折断和管道堵塞。

　　(5)测压孔轴线应垂直于模型表面，要求孔口无倒角，孔口周围光滑、无毛刺或凹凸不平。

7.1.3　与光固化成形工艺与传统成形工艺比较

　　从测压孔道的常规加工方法可以看出，测压模型孔道结构复杂、数量多，采用传统机械加工方法非常困难，一个测压模型的加工成本可能高达百万元，耗时达到半年以上。光固化成形工艺具有复杂结构易于成形的特点，非常适用于测压模型上错综复杂的孔道结构，可以实现测压孔、传压管道和模型外形一体化成形。此外，光固化成形工艺还具有速度快、精度高、表面质量好、处理简单省时等优点。

由以上传统金属模型结构分析可知，增材制造方法在测压模型制造上具有传统制造方法无法比拟的优越性，因此它有很广阔的应用前景。常规测压金属模型采用数控加工方法与增材制造方法的优缺点对比分析如表7-1所示。

表7-1 两种测压风洞试验模型制造方法优缺点对比分析

模型制造方法	优点	缺点
金属模型数控加工	精度高，强度高，刚度高	工艺复杂，制造周期长，成本高，内部结构难以加工
光固化成形工艺	外形与孔道一体化成形，速度快，成本低；易于薄型襟翼、副翼、舵面测压孔道成形	精度稍低，孔道后量难以保证

7.2 孔道结构形态对压力测量的影响

7.2.1 测压管道参数对测压结果的影响

测压管道的结构参数与风洞测压试验误差有密切的关系，主要体现在测压孔直径、管道弯曲程度、管道长度和截面积大小三个方面。

1. 测压孔直径

采用测压孔进行风洞试验模型表面压力及其分布测量时，由于测压孔的存在改变了模型表面该位置附近的流线曲率和孔内旋涡，从而导致测压孔所测得的压力值 P_m 比真实压力值 P_t 高。一般用 $\Delta P/q$ 表征压力测量误差，其中 $\Delta P = P_m - P_t$，q 为动压。理想状态下的测压孔孔径为零，不会对测压孔附近的空气流动产生任何扰动。如图7-1所示，由有限尺寸测压孔所引起得压力测量误差 $\Delta P/q$，一方面随测压孔直径的增大而增大，另一方面随气流马赫数的增加而增加[87]。假定测压孔直径 d 为1mm，气流马赫数分别为0.4

和 0.8 时，测压孔所引起的压力测量误差 $\Delta P / q$ 分别为 0.6% 和 1%。因此，从减小测压孔对测压结果影响的方面考虑，应尽量设计孔径小的测压孔。光固化成形工艺制造微型孔道的能力将在 7.3 节中进行研究。

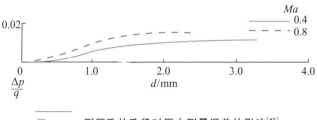

图 7 - 1　测压孔的孔径对压力测量误差的影响[87]

2. 管道弯曲程度

一般而言，为保证测压孔处气流的稳定，测压孔的垂直深度应大于两倍的孔口直径。气流在传压流道内传递时，流道的弯曲处会对气流产生约束作用。弯曲程度越大，阻力越大，从而导致达到压力平衡的时间也越长。弯曲管道阻力系数的计算与雷诺数 Re、弯管的直径 d 以及弯管轴心线的曲率半径 R 有关，通常用迪恩数 De 来综合表征这种影响，即 $De = Re\sqrt{d/R}$。因此，为了避免造成急剧的弯曲而增大流动阻力，设计孔道时应尽量减少流道的拐弯数量以及弯头的弯曲程度，如折弯夹角尽量弯成钝角，避免锐角等。另外，为了便于清理、导通快速成形孔道内的残留液态树脂，弯曲过渡连接线和过渡截面不能设计成棱角，可用圆弧连接、椭圆弧连接等曲率光顺连接，并且用不同直径的圆形截面进行扫掠过渡。

3. 管道长度和截面积大小

测压管路较长，除了模型内部安装的测压孔道外，还须要安装外部压力管道将气流引出风洞与压力传感器相连，因此会导致测压仪表出现较大的滞后效应。故在连接压力传感器及扫描阀时，应尽量将其安置在离测压点最近的位置，以缩短测压管的长度，从而减小因压力传递引起的压力滞后。压力滞后带来的压力测量误差可用下式[87]计算：

$$(P_t{}^2 - P_m{}^2)\left(\frac{A^2}{16\pi\mu l}\right) = \frac{dP_t}{dt}\left(\frac{Al}{6}\right) + \frac{dP_m}{dt}\left(V_m + \frac{Al}{3}\right) \qquad (7-1)$$

式中：P_t 为测压处实际压力；P_m 为通过传感器记录到的压力；A 为测压管

横截面积；l 为测压管横截长度；μ 为气体介质的黏性系数；V_m 为传感器气腔体积。

假设 $V_\mathrm{m}\ll Al/3$，则 $\dfrac{\mathrm{d}P_\mathrm{t}}{\mathrm{d}t}\approx\dfrac{\mathrm{d}P_\mathrm{m}}{\mathrm{d}t}=\dfrac{\mathrm{d}P}{\mathrm{d}t}$；$P_\mathrm{t}\approx P_\mathrm{m}=P$，则式（7-1）可以简化为

$$\Delta P = \frac{4\pi\mu l^2}{AP}\frac{\mathrm{d}P}{\mathrm{d}t} \tag{7-2}$$

图 7-2 给出测压管路的 $\Delta P/q$ - $\mathrm{d}P/\mathrm{d}t$ 曲线。当 $\mathrm{d}P/\mathrm{d}t=50\mathrm{Pa/s}$、测压孔直径 $d=0.51\mathrm{mm}$、管长 $l=914\mathrm{mm}$ 时，$\Delta P/q=0.06\%$；而将 l 增长 5 倍，$l=4570\mathrm{mm}$ 时，$\Delta P/q=1.5\%$。为了消除压力传递滞后导致的压力测量误差，风洞试验一般采用增长压力稳定时间，待 $\mathrm{d}P/\mathrm{d}t\approx0$，即 $P_\mathrm{m}\approx P_\mathrm{t}$ 时才开始采集实验数据[87]。由此可以看出，缩短管路、增大管横截面积可以缩短压力稳定时间，进而节省吹风时间。

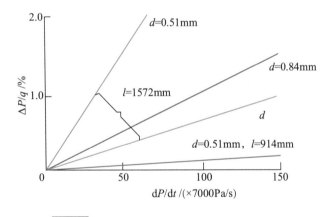

图 7-2　压力传递滞后导致的压力测量误差[87]

另外，在吹风过程中不同位置测压点处压力达到平衡前后的压力状态不同，随着压力从高压到低压，滞后时间也不断增长。当测压孔处压力高于测量仪表处的压力时，管道中的空气密度不断增加直到达到平衡状态。由于密度增加，管内空气比容不断下降，导致管内气流速度下降，所以接近于平衡状态时管内的压力损失小。当测压孔压力低于测量仪表处的压力时，管内空气比容不断增加，导致气流速度增加，因此接近于平衡状态时管内的压力损失大。如果在模型内部使用传感器以及扫描阀装置，相应地所需测压管长度就会减少，那么压力滞后的时间也会缩短。但当扫描阀从

一个测压孔转换到另一个测压孔时，依然需要几秒钟来进行稳定，以记录数据。在机身内部布置传感器时，必须保证压力传感器及其全部附属管系统方便安装和维修，并且传感器必须和外界环境隔离，如振动和热等，以免其影响传感器的性能。

7.2.2　孔道成形缺陷对测压结果的影响

静压是流体流动过程中作用在流管壁法线方向上的压强。在风洞的试验段的壁面或模型表面沿法线方向开一小孔所测到的就是当地静压。如果在足够长时间的压力平衡稳定后测量压力，则误差的影响主要来源于测压孔处的成形质量。压力孔孔缘形状、孔轴线倾斜、孔附近凸起（或凹陷）、划伤等对测压值均有影响[87]。当压力孔边缘倒圆时，会测得部分动压，压力测值偏高；当压力孔边缘有倒角形成锥形扩孔时，会有气流分离，压力测值偏低，如图 7 - 3 所示。当压力孔的轴线向来流倾斜时，导致测压值增加；当压力孔轴线向下游倾斜时，导致测压值减少，如图 7 - 4 所示。当测压孔后面突出，测压值偏高；当测压孔前面突出，测压值偏低；当测压孔附近有毛刺，测压值偏低；当测压孔附近表面有不平的波纹时，测压值降低，如图 7 - 5 所示。

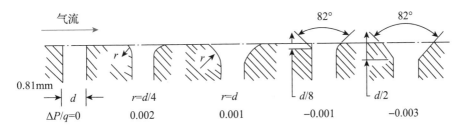

图 7 - 3　压力孔孔缘不同形状引起的测压值误差[87]

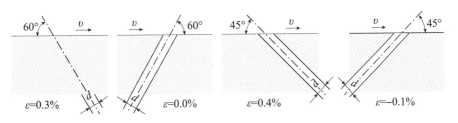

图 7 - 4　压力孔轴线偏斜引起的测压值误差[3]

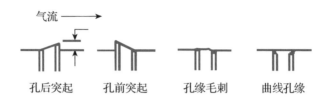

气流 ———►

孔后突起　　　孔前突起　　　孔缘毛刺　　　曲线孔缘

图 7 - 5　压力孔附近突起和划伤等缺陷[87]

测压模型在增材制造后要去除台阶效应和表面处理，由于增材制造原理存在台阶效应，在不同的成形方向，测压孔口和垂直孔壁的台阶形成方向也不相同。在测压模型表面未打磨处理时，孔口附近必定因台阶效应存在一定的突起，而在打磨处理时又可能对孔缘造成一定划伤。孔壁也存在台阶效应，因此即使表面处理适当，仍然不可能形成规则的圆形孔缘。建立一个正方形流场模型模拟风洞壁，在正方形流场一个壁面中央开一个 0.8mm 的测压孔，在 CFD 软件中进行模拟分析。图 7 - 6 和图 7 - 7 所示分别为 90°竖直成形与 0°水平成形形成的孔缘和内部孔壁的仿真，流场入口风速 v 为 100m/s。可见不同的孔型会对测压孔附近的气流产生不同的影响。

在测压孔口和测量点处的流速和压力如表 7 - 2 所示。与理想的圆孔相比，台阶孔的压力测量误差计算示意如下（ρ 为来流气体密度，$\rho = 1.29\mathrm{kg/m^3}$）：

$$\varepsilon = \Delta P / q = \frac{\Delta P}{\frac{1}{2}\rho v^2} = \frac{351.91\mathrm{Pa} - 411.52\mathrm{Pa}}{\frac{1}{2} \times 1.29(\mathrm{kg/m^3}) \times [100(\mathrm{m/s})]^2} = -0.92\%$$

$$(7 - 3)$$

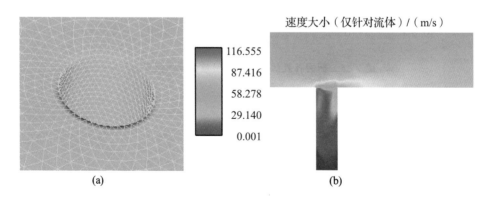

速度大小（仅针对流体）/（m/s）

116.555
87.416
58.278
29.140
0.001

(a)　　　　　　　　　　　　(b)

图 7 - 6　90°竖直成形的理想孔测压仿真

（a）测压孔处的网格划分；（b）测压孔附近气流速度分布图。

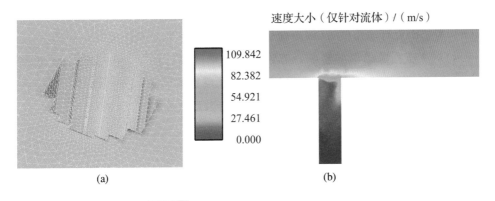

图 7 - 7　0°水平成形的缺陷孔测压仿真

（a）测压孔处的网格划分；（b）测压孔附近气流速度分布图。

表 7 - 2　测压孔口和测量点处的流速和压力

变量	90°成形孔 P_t	0°成形孔 P_t	90°成形孔 P_m	0°成形孔 P_m
速度/(m·s^{-1})	50.05	51.77	0.0	0.0
静压/Pa	131.98	112.57	411.52	351.91
总压/Pa	2142.23	2054.85	411.53	351.92

　　显然，增材制造对三维理论模型能精确复制，测压孔的垂直轴线不会形成过大的偏斜度，但台阶效应会改变孔道表面质量。而由快速成形制造带来的实际测量误差，通过数值模拟只能进行近似的局部示意，在以后的风洞试验中需分析测试数据获取足够经验并加以误差修正。

7.3　测压孔道的增材制造工艺研究

7.3.1　测压孔道成形试验

　　利用增材制造技术制造测压模型时，传压孔道是成形的关键。在工程应用中，一个模型部件的测压孔从几十到几百个不等，在快速成形一体化制造过程中，如果其中一个孔道成形失败或发生堵塞，整个模型就会失效。因此必须研究快速成形的孔道加工能力，设计适合增材制造的孔道结构，使得测压模型能够通过增材制造有效地进行加工。

　　在三维设计（CAD）软件中设计了图 7 - 8 所示的测压孔道试验模型，模型

根据孔口半径 R 分为五组，分别为 300 μm、350 μm、400 μm、450 μm、500 μm。为了研究打印角度 α（测压流道成形方向与水平方向的夹角，如图 7 - 9 所示）对测压孔道成形的影响，五组模型分别以 0°、10°、20°、30°、90°五个角度成形。为了研究流道长度 l 对测压孔道成形的影响，分别设计了两组流道长度（100mm、150mm）用以对比。试验参数设计如表 7 - 3 所示。

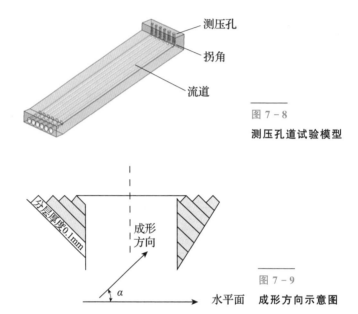

图 7 - 8

测压孔道试验模型

图 7 - 9

水平面　**成形方向示意图**

表 7 - 3　测压孔道试验模型参数设计

试验模型组	孔口半径/μm	流道长度 l/mm	成形方向 α/(°)
1	300	50/100/150	0/10/20/30/90
2	350	50/100/150	0/10/20/30/90
3	400	50/100/150	0/10/20/30/90
4	450	50/100/150	0/10/20/30/90
5	500	50/100/150	0/10/20/30/90

7.3.2　孔道成形试验结果分析

本研究所采用的光固化增材制造设备为西安交通大学 SPS600B 型光固化快速成形机。使用该打印机制造的模型如图 7 - 10 所示。

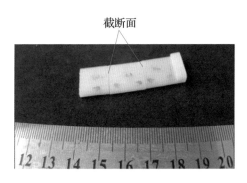

截断面

图 7 - 10
孔道试验模型

1. 可导通孔道研究

模型制造完成后，表面吸附着未固化的液态树脂。如果这些树脂发生固化，不仅会破坏零件表面的粗糙度，而且还会导致零件产生尺寸以及形状误差。因此当零件制造完成后应该在托板升起后等待一段时间再取出，使模型表面尤其孔道内吸附的液态树脂回流到树脂槽中。此外，模型取出后必须在第一时间用酒精或丙酮清洗吸附在测压孔道内部的树脂。在孔道导通过程中，采用了针管注射、压缩空气注入的方法。由 1～5 组试件的成形结果得出孔径和成形方向对测压孔道导通与否的影响，如表 7 - 4 所示，孔径和流道长度对测压孔道导通与否的影响如表 7 - 5 所示（√和×分别表示导通和不导通）。

表 7 - 4　孔径、成形方向和测压孔道导通与否的关系（流道长度为 50mm）

半径 $R/\mu m$	成形方向 $\alpha/(°)$				
	0	10	20	30	90
300	×	×	×	×	×
350	×	×	√	√	√
400	×	√	√	√	√
450	√	√	√	√	√
500	√	√	√	√	√

表 7 - 5　孔径、流道长度和测压孔道导通与否的关系（成形方向为 90°）

半径 $R/\mu m$	流道长度 l/mm		
	50	100	150
300	×	×	×
350	√	×	×
400	√	√	×
450	√	√	√
500	√	√	√

根据表 7-4 以及表 7-5 得到的结果，可以得出以下结论：

(1)0°方向成形的孔道最难导通，90°的最容易。

(2)随着孔道半径的减小，孔道的导通难度增大。

(3)随着流道长度的增加，孔道的导通难度增大。

(4)根据流道长度设计孔道半径时，应遵循以下原则：当流道长度小于或等于 50mm 时，可导通的最小孔道半径为 350 μm；当流道长度在 50mm 和 100mm 之间时，可导通的最小孔道半径为 400 μm；当流道长度大于或等于 100mm 时，可导通的最小孔道半径为 450 μm。

2. 孔道质量分析

传统测压模型使用内表面质量较好的金属管或树脂管，因此对传压的孔道没有提出明确的质量要求。然而光固化成形制造的孔道在成形后其内部有残留的液态树脂，并且在清理后仍有少量粘附在内壁上，对孔道质量造成了一定影响。本节主要研究了成形方向和孔道质量的关系。

由表 7-4 可知，当孔径 $R > 450$ μm 时，以任意成形方向制造的孔道均可导通，但光固化成形过程中的台阶效应也会使得树脂清理的不完全而附在各台阶层上对孔道质量造成一定的影响。图 7-11 所示为孔径 R 为 350 μm 的模型分别在 0°和 90°成形角度下的孔道截面。可见成形角度为 90°时，孔道形状接近于圆形，孔道质量好。而成形角度为 0°时，孔道形状呈椭圆形，孔道质量差。

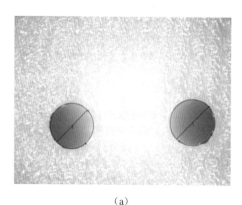

(a)   (b)

图 7-11 孔道断面

(a)孔径 $R = 350$ μm，成形方向为 90°；(b)孔径 $R = 350$ μm，成形方向为 0°。

多孔零件的成形方向应该最大限度地沿着孔轴线的方向，将同一表面分得越细，曲面质量越好。因此，当分层厚度是定值时，成形方向应该使曲面分层数最大化。另外，零件的高度越高，相应的制造时间越长，带来的激光功率损耗越大，制造成本就越高，因此试验制造成形方向一般取 20°～30°进行。在进行工程应用时，由于对表面质量的要求很高，应将零件沿尺寸最大的方向进行堆积成形。

7.3.3　测压孔道成形精度分析

光固化快速成形机制造出的模型的尺寸精度由增材制造设备性能决定。针对微型测压孔道，模型孔道的实际尺寸与设计尺寸之间存在一定的偏差。因此，对孔道试验模型进行精度分析是十分必要的，它能客观评价出光固化成形模型与设计值之间的尺寸偏差，从而为设计测压孔道尺寸提供补偿准则。

对于表 7-5 中所得出的能导通的九组不同孔径、不同长度的孔道模型，每组制造 10 个模型。将制造的测压孔道试验模型沿孔道长度方向截断成三部分，对每个断面进行修磨清洗后测量其孔径并计算其平均值。测量设备用日本 Keyence 公司生产的 VH-8000 显微系统，该系统的最高放大倍数为 3000 倍，最小标注尺寸为 50nm，可以进行尺寸标注和测量，并直接输出数字图像。图 7-12 所示为该显微系统的外形图，测量时放大倍数选用 25 倍或 50 倍。表 7-6 中列出了以成形角度为 20°时各组模型的孔道半径设计值，以及各孔经测量平均值，以此总结出具体的设计补偿值。以流道长度为 50mm，设计孔径为 450 μm 为例，该孔径测量平均值为 411 μm，得到补偿值为 39 μm。也就是说该条件下的孔径设计值等于孔径测量平均值加补偿值。

图 7-12

VH-8000 显微镜

表 7 - 6　测压孔径补偿表 (20°成形方向)

流道长度 l/mm	孔径设计值 R/μm	孔径测量平均值/μm	补偿值/μm
50	350	306	44
	400	358	42
	450	411	39
	500	465	35
100	400	348	52
	450	404	46
	500	459	41
150	450	391	59
	500	444	56

7.4　测压孔道的接口设计与制造研究

7.4.1　模型内部测压孔道连接方案研究

为了连接测压模型不同组成部分 (机身、机翼、前翼、舵面) 之间的孔道，设计了以下两种用于模型内部测压孔道的接口。

1. 金属管—软管连接设计

如图 7 - 13 所示，模型的 A、B 两部分进行装配，其测压孔道直径均为 0.8mm。在 A 部分靠近孔道连接处设计一个直径为 1.2mm 的孔以便插入外径为 1.2mm、内径为 0.8mm 的金属管，在 B 部分靠近孔道连接处设计一个直径为 1.6mm 的孔以便插入外径为 1.6mm、内径为 1.2mm 的树脂软管。缝隙处均用黏结剂填充。A、B 两部分装配时将 A 部分的金属管插入 B 部分的

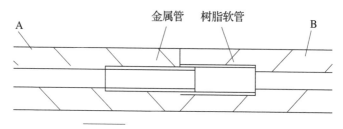

图 7 - 13　金属管—软管连接示意图

树脂软管中，完成孔道连接，金属管插入的深度由 A、B 两部分之间发生相对转动的最大角度决定。这种接口适用于结构较小的襟翼、副翼、小舵面等位置的连接。

2. O 形密封圈连接设计

如图 7-14 所示，模型的 A、B 两部分进行装配，其测压孔道直径均为 0.8mm。在 A 部分靠近连接处设计凹槽结构，同时在 B 部分靠近连接处设计与之相对应的凸台结构，在径向上安装内径为 2.0mm、外径为 5.4mm 的 O 形密封圈。装配时将 B 部分连同密封圈一起插入到 A 部分中，完成孔道连接。这种接口适用于较大的结构，如机身、机翼等位置的连接。

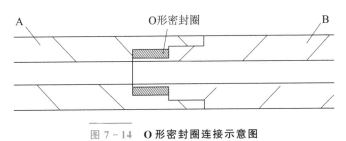

图 7-14 **O 形密封圈连接示意图**

3. 两种方案的比较

两种内部孔道连接方案的结构特点对比如表 7-7 所示。

表 7-7 两种内部孔道连接方案的结构特点对比

	小结构连接、可相对转动	大结构连接、固定
金属管—软管	◆	
O 形密封圈		◆

7.4.2 模型测压孔道与外部连接方案研究

进行测压风洞试验时，需要将模型中的测压孔道与外部测压系统进行连接，因此设计了单孔连接以及模块化连接两种接口方案。

1. 单孔接口设计

单孔接口方案分为以下三种：

(1) 金属管接口。如图 7-15 所示，在模型孔道出口处设计 15°的锥形孔以插入外径为 1.2mm、内径为 0.8mm 的金属管，金属管与模型空隙处用黏结剂填充密封，金属管插入外部测压软管进行连接。

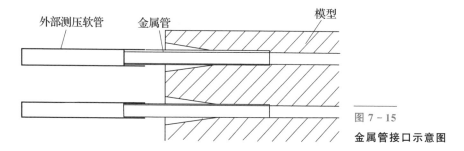

图 7 - 15
金属管接口示意图

（2）软管接口。如图 7 - 16 所示，在模型孔道出口处设计锥形孔，模型内的测压孔道向外延伸，将外径为 1.6mm、内径为 1.2mm 的测压软管插入孔中包裹测压管道外伸段，空隙处用黏结剂填充密封。

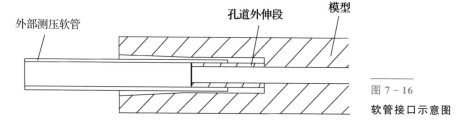

图 7 - 16
软管接口示意图

（3）树脂接口。如图 7 - 17 所示，在模型孔道出口处设计一段向外延伸的管道，与模型一同成形。该管道分为两段，靠近模型的一段为成 5°倾斜角的过渡段，然后是外径为 1.2mm、内径为 0.8mm 的接口段。连接时将外径为 1.6mm、内径为 1.2mm 的测压软管套在接口段，完成与外部测压系统的连接。

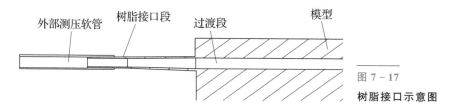

图 7 - 17
树脂接口示意图

2. 模块化接口设计

测压风洞试验模型的测压孔道数量巨大，因此为了提高连接效率，设计了以下两种模块化的接口方案，用以一次性连接多个孔道。

(1)模块化连接方案一。如图 7 - 18 所示，在模型孔道出口处设计锥形孔，在模型外部，由一块光固化成形的带孔盖板将测压软管位置及方位固定，连接时将盖板与模型进行对接，测压软管插入到模型的锥形孔中，盖板与软管之间以黏结剂填充。

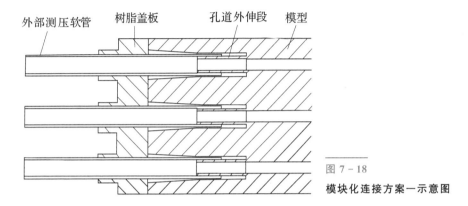

图 7 - 18

模块化连接方案一示意图

(2)模块化连接方案二。如图 7 - 19 所示，树脂盖板用以固定测压软管的位置及方位，在模型孔道出口处设计直径为 1.2mm 的孔，连接时将带有测压软管的盖板插入到孔中，盖板与孔之间的缝隙用黏结剂填充，完成与外部测压系统的连接。

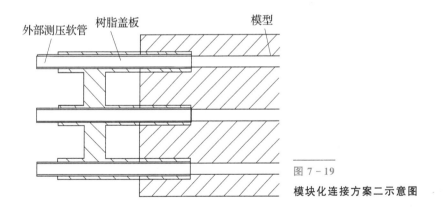

图 7 - 19

模块化连接方案二示意图

3. 五种接口方案对比

将以上五种外部接口方案从结构安装简单、结合牢固、可拆卸、便于孔道清洗以及连接效率五个方面进行对比，总结其特点如表 7 - 8 所示。

表 7-8　测压孔道外部接口特点比较

接口方案	金属管接口	软管接口	树脂接口	模块化连接 方案一	模块化连接 方案二
结构安装简单	◆	◆	◆		
结合牢固	◆				◆
可拆卸		◆	◆	◆	
便于孔道清洗	◆	◆			◆
连接效率				◆	◆

7.4.3　测压孔道及接口的性能研究

在测压孔道连接方案研究的基础上，设计并制造了带有各种接口的测压孔道模型，长度为 150mm，孔道半径为 0.4mm，如图 7-20～图 7-22 所示，对其气密性、通气性进行了试验验证。

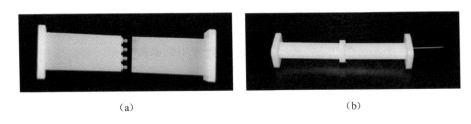

（a）　　　　　　　　　　　　　　（b）

图 7-20　内部孔道连接模型

（a）O 形密封圈连接；（b）金属管—软管连接。

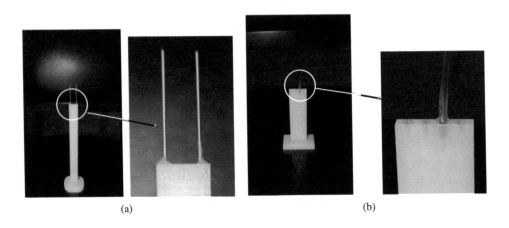

（a）　　　　　　　　　　　　　　（b）

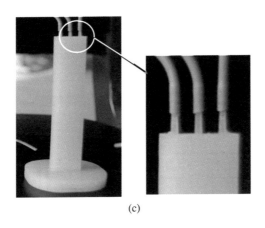

(c)

图 7 - 21　单孔接口模型

(a)金属管接口；(b)软管接口；(c)树脂接口。

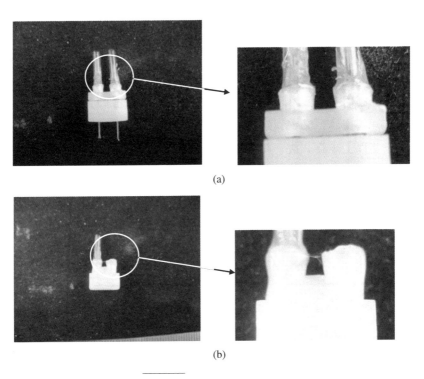

(a)

(b)

图 7 - 22　模块化接口模型

(a)方案一；(b)方案二。

1. 气密性试验验证

根据 GJB 180A—2006《低速风洞飞机模型设计准则》，当孔道内外有不小于 3200Pa 的压强差时，60s 内孔道内外压强差损失 $\Delta P < 8Pa$，符合测压孔道气密性要求。因此设计出用于验证测压孔道及接口气密性的试验装置示意图，如图 7-23 所示。

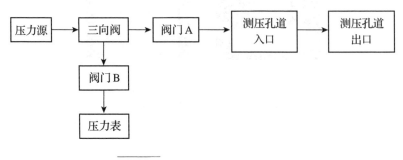

图 7-23 气密性试验装置示意图

试验步骤如下：

(1)打开高压气源，设置压力值为 105000 Pa。

(2)打开阀门 B，关闭阀门 A，堵住测试模型孔道出口。

(3)打开阀门 A，60s 后读取压力表读数，计算其与原始压力的差值。

(4)重复以上步骤 3 次，并计算其平均值，如表 7-9 所示。

表 7-9 气密性试验结果

接口方式	压强/Pa	ΔP/Pa
金属管接口	104995	-5
软管接口	104994	-6
树脂接口	104998	-2

试验结果表明带有三种接口的测压孔道模型气密性均符合测压风洞试验标准。

2. 通气性试验验证

根据 GJB 180A—2006《低速风洞飞机模型设计准则》，测压管路输入端和输出端出现不小于 3200Pa 的跃阶压强差时，2s 内孔道两端的压强差值小于8Pa，符合测压孔道通气性要求。因此设计出用于验证测压孔道及接口通气性的试验装置示意图，如图 7-24 所示。

图 7 - 24　通气性试验装置示意图

试验步骤如下：

(1)打开高压气源，设置压力值为 100000Pa，此时压力表 A、B 读数均为 100000Pa。

(2)在某一时刻 t 调节压力值至 105000Pa。

(3)在过 2s 时分别读取压力表 A、B 的读数，并计算两者的差值。

(4)重复以上步骤 3 次，计算其平均值，如表 7 - 10 所示。

表 7 - 10　通气性试验结果

接口方式	压力表 A/Pa	压力表 B/Pa	$\mid \Delta P \mid$ /Pa
金属管接口	104995	104994	1
软管接口	104994	104990	4
树脂接口	104998	104995	3

试验结果表明带有三种接口的测压孔道模型的通气性均符合测压风洞试验标准。

第8章
弹性风洞试验模型的增材制造技术

8.1 引言

目前，静气动弹性模型(气弹模型)常采用梁架—框段结构[88]。梁架结构的主要组成是单梁或多梁，位于模型内部(机身和机翼)，一般由金属制成，用以模拟模型的刚度，并为整体模型提供强度；框段结构安装在梁架上，组成模型的气动外形，将气动力传递给梁架。为了设计和加工方便，模型的刚度全部由梁架提供，而整体气动外形被分割为互不相连的框段(图8-1)，且以"点连接"方式安装在梁架上，以减少外形刚度对设计模型刚度的影响。吹风试验时，框段间填充以泡沫、弹性胶等低模量材料以维持完整的气动外形。在低速阶段，通过以上方案设计和加工的模型能够提供足够精度的试验数据；但在高速试验中，框段间的低模量材料会发生较大变形，气动外形的完整性难以保证，这增加了试验数据的不确定性。

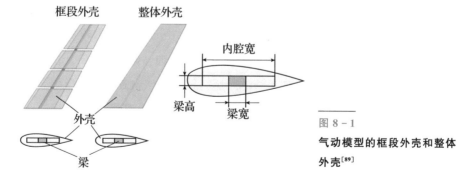

图8-1

气动模型的框段外壳和整体外壳[89]

经过20余年发展，增材制造技术已经应用于多种飞行器、多种速度范围、多种试验类型的风洞试验模型制造，其可行性和优势得到了大量验证。然而，在弹性模型方面，应用报道相对较少，造成这个局面的原因是多方面

138

的。首先，因为弹性模型试验属于"高级试验项目"，其实施在飞机设计的最后阶段，对保密性要求较高，不便于公开报道；其次，弹性模型有较多的设计约束，对结构参数有特定的相似要求，设计和制造过程较繁琐，对于可行性验证项目，这个研究对象过于复杂，因此一般不会被选为研究课题；最后，弹性模型对材料力学响应敏感，更换制造材料和制造工艺会造成较大的影响，相比一般刚性模型，选用快速成形技术来加工弹性模型，工程人员要承担较大的风险，这也限制了该类模型对新技术的采用。综上所述，保密需要、设计难度和实施风险等原因造成弹性模型在采用快速成形技术的研究报道较少。有限的报道集中在利用快速成形技术替代非金属材料构件。本田公司利用 SL 技术制造跨声速颤振模型的气动框段[49]。该模型模拟原型飞机机翼部分动态特性，采用梁架 – 框段结构，其中，气动外形被分割成互不相连的框段。试验表明，采用 SL 技术加工的树脂框段可以承受跨声速载荷，能够得到满意的数据。

　　本书提出了一种气动外壳整体化的复合气弹结构方案和实施方法。其核心是气动外形是一体化的结构，对模型整体刚度有贡献，设计完成后由快速成形一体加工；梁架结构可以得到简化。该方法一方面能够解决分割框段的变形对模型气动外形的影响，有望提高模型的几何相似度，从而保证风洞试验的精度；另一方面简化了模型设计和制造过程，有助于提高风洞试验效率。

　　复合气弹模型的结构方案如图 8 - 2 所示，由金属骨架、树脂外壳两大部分组成。金属骨架位于模型内部，分为机身和机翼两大部件，提供主要的强度和刚度，通过机身内腔安装在位于模型尾部的天平上；树脂外壳分为机身和机翼两大部件，安装在相应金属骨架上，为模型提供全部气动外形。如图 8 - 2所示，左、右机翼外壳均为一体化的整体结构，由快速成形（SL 技术）一次加工完成，因其具有较大的刚度，对机翼整体刚度的影响不可忽略，所以在刚度设计中，需要计入树脂外壳的刚度。为尽量保持气动外形的连续性，与机翼连接的机身部分也融入了机翼，由一体设计和加工完成，这得益于快速成形技术对内外复杂结构的强大制造能力。其他的树脂外壳还包括机身前、后两段——机头和机尾。本项目中不需要模拟机身刚度，两部分的设计变得简单，只需要保持正确的气动外形和与模型其他部分的可靠安装即可。

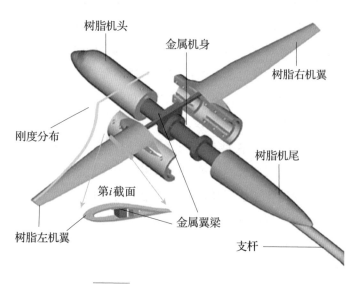

树脂机头

金属机身

树脂右机翼

刚度分布

树脂机尾

第 i 截面

金属翼梁

树脂左机翼

支杆

图 8-2 复合气弹模型的结构方案

8.2 复合模型设计方法

8.2.1 设计流程

由上述可知，本模型设计的关键是机翼部分——承力金属梁架和一体化树脂外壳。因原型大展弦的机翼长而窄，翼面内沿弦向变性较小，其结构参数可简化为单根梁，所以本模型的金属梁架采用单梁结构。

如图 8-2 所示，左、右两根梁在翼根连接为一体，通过装配体固定在机身骨架上，模型设计时只需设计翼梢到翼根的部分。树脂外壳安装在梁的外部，左、右部分在机身中部对接安装，因一体化的结构具有较大的刚度，对机翼刚度也有贡献，模型设计阶段需要考虑其影响。

静气动弹性模型的设计流程如图 8-3 所示。从原型到模型包括相似设计和结构设计两个阶段，设计的对象包括模型的结构参数和气动参数。为了验证模型设计精度，本项目进行了一系列验证性测试，包括针对模型结构参数的地面变形试验和模型整体性能的数值仿真和风洞试验。

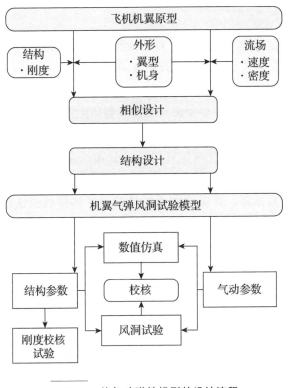

图 8 - 3　**静气动弹性模型的设计流程**

8.2.2　缩比设计

　　相似设计的任务是确定模型的缩比系数。对于静气动弹性模型,需要确定的缩比系数分为尺寸缩比系数和气动缩比系数两大类:前者包括外形几何缩比系数和结构参数缩比系数;后者涵盖马赫数、动压缩比系数、密度缩比系数。外形几何缩比系数 K_l 根据原型尺寸、风洞试验段尺寸和天平等参数确定;模型的马赫数与原型要保持一致,即缩比系数为 1;动压缩比系数 K_q 和密度缩比系数 K_ρ 根据拟试验的原型气动数据和风洞流场参数范围确定;对于静气动弹性模型,结构参数缩比系数指原型和模型的结构刚度比例,大展弦比机翼主要包括机翼截面的水平弯曲刚度缩比系数 K_{EI} 和扭转刚度缩比系数 K_{GJ},其中,E 和 G 为材料的模量参数——弹性模量和剪切模量,I 和 J 为截面惯性矩和截面扭转常数。

8.2.3　刚度设计

本节将在得到的模型外形尺寸和结构刚度分布数据的基础上，详述选用适合的结构和确定相应的尺寸来实现所需的刚度分布。

单翼由单根金属梁和树脂外壳组成。因树脂外壳的一体化结构特点，其刚度不可忽略，在设计中需要考虑其对机翼整体刚度的贡献。

水平弯曲刚度 EI（EI_{xx}）和扭转刚度 GJ（GJ_{zz}）均沿展向连续分布，在理想情况下，待设计的结构应该具有同样的分布。实际上，因为设计复杂度、加工经济性等原因，在工程实践中，一般沿展向选取若干关键截面，使得此处刚度分布达到目标值，而关键截面的结构尺寸按照插值法近似求解。该方法能保证关键截面的刚度分布具有较高的精确度，插值部分的误差也可得到较好控制，同时确保设计完成的结构具有较好的加工性。

8.3　案例研究

8.3.1　模型设计

本研究中的静气动弹性模型为某型客机的 1/35 - scale 翼身模型，模拟原型飞机机翼部分的刚度分布，测试模型在特定条件下的部件变形和气动响应，确定发散工况，为飞机原型设计提供基本数据。模型的结构如图 8 - 2 所示。

1. 缩比设计

模型的外形只需要将原型飞机的几何外形按照尺寸缩比系数 K_l 等比例缩小即可得到；风洞流场中的马赫数、动压参数 q 采用缩比设计时采用的值即可；至于内部结构，可根据刚度分布设计适合的结构来实现，而刚度分布则由原型刚度分布和刚度缩比系数 K_{EI}/K_{GJ} 求得，计算得到水平弯曲刚度 EI 沿展向的分布如图 8 - 2 所示，扭转刚度分布 GJ 的计算过程类似。本书所用缩比系数如表 8 - 1 所示。

表 8 - 1　模型设计满足的相似准则

相似准则		表达式	相似比①
基本准则	马赫数	K_{Ma}	1
	动压参数	K_q	1.725
	尺寸	K_l	1/35

（续）

相似准则		表达式	相似比[①]
推导准则	刚度	$K_{EI}/K_{GJ}=K_q K_l^4$	1.150×10^{-6}
	载荷	$K_F=K_q K_l^2$	1.408×10^{-3}

[①]相似比为模型－原型。

2. 刚度设计

本书刚度设计用材料性能参数如表 8－2 所示。

表 8－2　所用材料性能参数

参数	光敏树脂 Somos14120	40Cr 钢
密度 $\rho/(kg/m^3)$	1120	7780
弹性模量 E /GPa	2.46	211
剪切模量 G /GPa	0.89	77
泊松比 ν	0.38	0.30
拉伸强度 σ /MPa	46.0	980

本书选用的机翼内部结构方案如图 8－4 所示。为设计和加工的方便，金属梁选用矩形截面，其剪切中心与原型机翼截面的剪切中心重合。对于一体化的塑料外壳，外形几何由原型按照尺寸缩比系数获得，内部为空腔，设置金属梁的安装面时，为提高外壳的刚度和强度，在后缘位置设计垂直腹板，将空腔分为两个独立闭式。

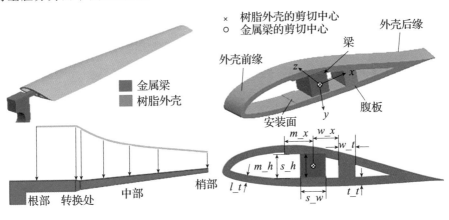

图 8－4　机翼内部结构方案

如图 8-4 所示，沿机翼展向，选定了 7 个关键截面：翼根和翼梢各 1 个、刚度变化剧烈处 2 个和中间过渡段 3 个。各关键截面的水平弯曲刚度 EI 和扭转刚度 GJ 在缩比设计阶段已经获取，表 8-2 给出了材料的弹性模量 E 和剪切模量 G，据此可以得到所需截面几何参数。

为完成模型机翼结构设计，需要确定上述结构的尺寸，本项目采用优化设计方法对选定截面的结构尺寸进行设计，包括截面扭心位置和梁及外壳结构尺寸。模型的截面扭心位置包括金属梁和树脂外壳的各自扭心，与缩比后的原型扭心重合。梁及外壳结构尺寸如图 8-4 所示，受模型几何参数截面惯性矩 I 和截面扭转常数 J 驱动。各关键截面的水平弯曲刚度 EI 和扭转刚度 GJ 在缩比设计阶段已经获取。优化配置如下式：

$$\text{minimize } f(\boldsymbol{x}) \tag{8-1}$$

目标函数的表达式如式（8-2），为三部分优化目标的误差加权和：水平弯曲刚度 EI、扭转刚度 GJ 和扭心位置 SC。α_{EI}、α_{GJ} 和 α_{SC} 为各目标量的加权量，分别从（0，1）开区间取值，总和为 1。

$$f(\boldsymbol{x}) = \alpha_{EI} \sum_{i}^{n} |\Delta EI_i| + \alpha_{GJ} \sum_{i}^{n} |\Delta GJ_i| + \alpha_{SC} \sum_{i}^{n} |\Delta SC_i| \tag{8-2}$$

式中：i 为关键截面序号；n 为其总数，本项目中 $n = 7$；$|\Delta EI_i|/|\Delta GJ_i|$ 是第 i 个关键截面的金属梁和树脂外壳的水平弯曲刚度/扭转刚度总和与目标值间的误差绝对值，其表达式如下：

$$|\Delta EI_i| = |(EI_{\text{metal}} + EI_{\text{plastic}} - EI_{\text{target}})_i| \tag{8-3}$$

$$|\Delta GJ_i| = |(GJ_{\text{metal}} + GJ_{\text{plastic}} - GJ_{\text{target}})_i| \tag{8-4}$$

同理可得第 i 个关键截面扭心中心误差表达式为

$$|\Delta SC_i| = |(SC_{\text{metal}} - SC_{\text{target}})_i| + |(SC_{\text{plastic}} - SC_{\text{target}})_i| \tag{8-5}$$

其中，SC 包括 x 和 y 方向的坐标值，如图 8-4 所示。

优化变量包括金属梁和树脂外壳的几何参数，表达如下：

$$\boldsymbol{x} = (\boldsymbol{x}_{\text{metal}}, \boldsymbol{x}_{\text{plastic}}) \tag{8-6}$$

其中，金属梁的结构尺寸包括宽 s_w 和高 s_h，如下：

$$\boldsymbol{x}_{\text{metal}} = (s\_w, s\_h) \qquad\qquad (8-7)$$

树脂外壳的结构尺寸包括安装面定位坐标 m_x 和高度 m_h、腹板定位坐标 w_x 和厚度 w_t、外壳前后缘厚度 l_t 及 t_t。其中，安装面高度 m_h 与金属梁高度 s_h 相同，此变量可并入梁。因此，树脂外壳的优化变量表达式为

$$\boldsymbol{x}_{\text{plastic}} = (m\_x, \ w\_x, \ w\_t, \ l\_t, \ t\_t) \qquad\qquad (8-8)$$

为了得到合理的解，需要对优化变量设定一定的取值区间。

优化计算求得的结果如图 8-5 所示。图 8-5(a)给出了各截面刚度误差，水平弯曲刚度误差小于 5%，扭转刚度误差小于 2%，误差水平较小。从图 8-5(b)中可看出金属骨架刚度在机翼总体刚度中所占比例，在翼根部，树脂外壳贡献较大的弯曲刚度(约 15%)和扭转刚度(约 25%)。

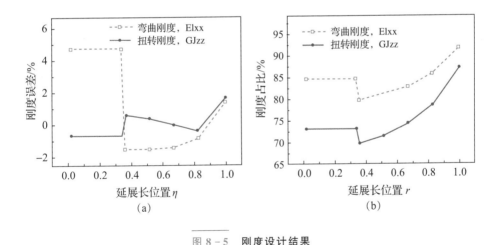

图 8-5　刚度设计结果

(a)刚度误差；(b)刚度占比。

3. 细节设计

金属梁和树脂外壳之间需要进行连接设计，既要确保可靠稳固的连接，又要减小对机翼刚度的影响，同时兼顾结构良好的加工性。本书通过设计翼肋固定段和台阶式安装面的方式来实现连接，如图 8-6 所示。

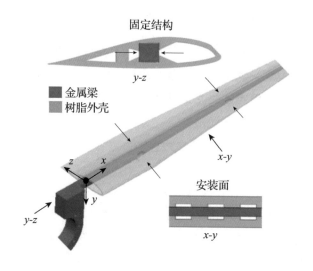

图 8 - 6

模型的细节设计

在树脂外壳中段选择两个截面设计梁肋，用于安装金属梁。如图 8 - 6 所示，从蒙皮向内伸出四个棱角用以固定金属梁，其尺寸与相应截面的金属梁相同，以确保定位精度，这种翼肋固定段可保证金属梁和树脂外壳的精确稳固连接，实现两者之间弯曲及扭转作用力的传递。沿翼展方向，外壳与梁的上下面是面配合，这增加了加工和装配难度。本书通过在外壳内表面的配合面上设置沟槽，形成台阶式配合面，以减少配合面积，通过设计沟槽数量和尺寸保证足够的连接强度。

8.3.2 强度仿真校核

模型设计必须进行强度校核，特别是树脂材料的抗拉强度远小于金属材料的，在大载荷情况下容易变形甚至是断裂。本书采用 CFD - CSD 方式进行强度校核，利用 CFD 对恶劣工况进行流场计算；将流场载荷加载到模型相应部位上，使用 CSD 计算静力响应。

1. 气动分析

本项目拟开展的吹风试验条件是马赫数从 0.4 到 0.65、攻角 α 从 - 4.0° 到 + 4.4°(攻角范围视马赫数而不同)。升力是机翼所受的主要载荷，攻角对其影响较大。因此强度校核时选择攻角最大的工况为计算条件，具体为 $Ma = 0.4$，$\alpha = 4.4$。其他气动参数如表 8 - 3 所示。

表 8 - 3 气动分析的参数

参数	值
马赫数 Ma	0.4
攻角 α /(°)	4.4
来流压强 P /Pa	70000
参考温度 T /K	265.6

CFD 计算所用计算网格如图 8 - 7 所示。因模型的对称性，为减少计算量，沿飞机机身纵面设置了一个对称面。计算网格采用四面体非结构网格，总数在 100 万量级。

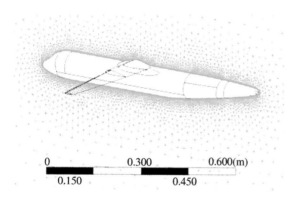

0		0.300		0.600(m)
	0.150		0.450	

图 8 - 7

CFD 计算所用计算网格

如图 8 - 8 所示为 CFD 计算所用流场模型。流场模型参照所用风洞建立，模型安装在中部；流场一面为进气道、三面为出气口。

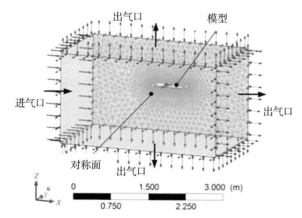

图 8 - 8

CFD 计算所用流场模型

2. 强度校核

计算模型简化为树脂外壳、金属机翼梁和金属机身骨架三个部件，除机翼外壳和梁之间设定为允许切向滑移连接(no separation)外，其他配合面均为固定连接(bonded)，分别在模型的天平安装位置和半模对称面上设置固定约束和 Y 向位移约束，模型网格为六面体和四面体结构网格，单元总数在 10 万量级。将设置流体结果加载到模型表面，得到图 8 - 9 所示的变形和应力结果。静气动弹性模型的机翼为柔性，具有图 8 - 9(a)所示的较大变形位移；最大应力均在机翼上，金属梁最大等效应力位于翼根，而树脂外壳的最大应力则发生在翼梢，因此处蒙皮较薄(约 0.5mm)。需要注意的是，模型用的金属和树脂的最大应力均小于许用应力，可安全用于风洞试验。

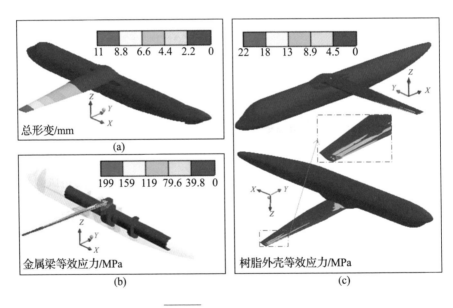

图 8 - 9　强度校核的结果

8.3.3　共振校核

如图 8 - 10 所示，模型－天平－支杆系统的第一阶模态频率是 14Hz，避开了 FL - 24 风洞的吹风基频(10Hz)，试验安全。

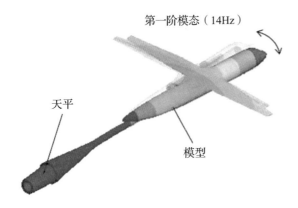

第一阶模态（14Hz）

天平

模型

图 8－10

**模型－天平－支杆系统的
第一阶特征模态**

8.3.4　刚度校核试验

1. 试验方案

校核对象为树脂外壳—金属梁装配体。本项目通过对比模型加载变形后的测量值与仿真计算值来评估刚度设计的精度。变形测量采用非接触式光学测量系统（XJTUSD），这套系统以数字近景工业摄影为基础，通过拍摄变形前后物体的多幅图像，计算出物体关键点的三维坐标，获得物体在各个状态的数据，并将多个状态相互之间通过全球点或相关点进行拼合，对各个状态之间的变形点的变形量和变形方向通过三维色谱的方式显示出来。

静态变形试验平台如图 8－11（a）所示，测量装置位于被测试样（模型机翼）上方。图 8－11（b）所示为装夹及加载方案。树脂外壳装配到金属骨架上，并通过位于机身中心轴处的夹具安装固定在工作台上；夹具为铝制，因其质地较软，受到预紧力后能增大与金属骨架的接触面积，能保证紧密结合，使模型在加载时中心轴不扭转。重块通过金属框套在机翼加载位置；金属框较窄，可近似为线载荷；加载点标线一共 4 条，如图 8－11（c）所示，其坐标位置如表 8－4 所示。测量装置以图 8－11（c）所示的标志点（分为前缘、中线和后缘三组，中线大体与机翼刚轴重合）为参照测量模型的变形数据。

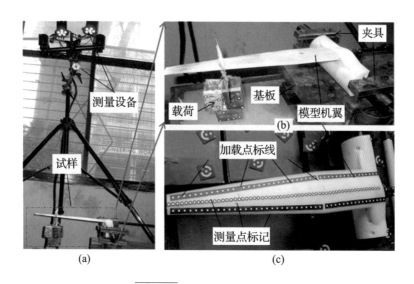

图 8-11　刚度校核试验方案

（a)静态变形试验平台；(b)装夹又加载方案；(c)加载点和测量点的标准。

2. 结果分析

在仿真计算方面，使用与强度校核时相同的建模方式。如表 8-4 所示，4 次加载时最大变形量的测试值和仿真值相比，其值一致性良好，测试值偏大。

表 8-4　刚度校核试验的加载及变形

编号	加载		最大变形量	
	位置 /mm	载荷 /N	仿真值 /mm	测试值 /mm
1	152	57.48	1.5	1.7
2	200	57.48	2.8	3.1
3	300	26.65	3.6	3.3
4	400	26.65	7.9	8.0

图 8-12 所示为 4 次加载时机翼变形量的垂直分量沿展向分布图，其中，黑色点云为实验值，采集点包括前缘、中线和后缘三组所有标志点，红色曲线为仿真值，展向沿刚轴采集。总体而言，测试值比仿真值大，加工装配完成的模型刚度偏小。这可能由仿真建模、设计误差、材料参数偏差、试验边

界条件差异和测试误差等多方面原因造成。但两者在变化趋势一致，且最大偏差小于 5%，吻合性较好，可以满足工程需要。

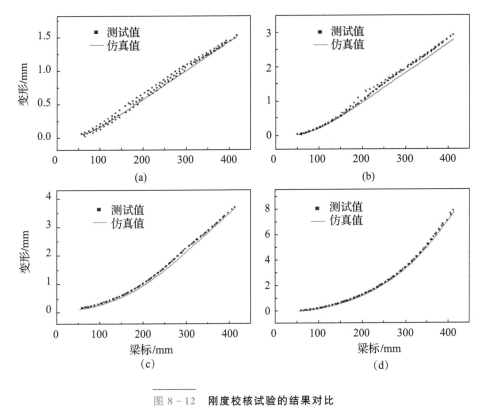

图 8 - 12　刚度校核试验的结果对比

　　综上所述，通过变形试验可知，设计加工完成的模型具有较高的刚度相似度，满足设计要求。

8.3.5　风洞试验

　　本试验目的是校核静气动弹性计算并验证理论计算方法。将天平系统测量的数据进行处理得出其升力曲线，通过观察升力曲线上出现转捩点时的马赫数，对比具体型号数据，校核静气动弹性设计。

　　采用 FL - 24 跨声速风洞（试验段尺寸为 $1.2\text{m} \times 1.2\text{m}$）；为模拟真实的飞行特性，选取马赫数范围为 $0.4 \sim 0.65$，步长为 0.05；测量模型在特定马赫数下攻角从 $-4° \sim +6°$ 时的空气动力学性能，并着重观察机翼面的扭转现象。将模型表面打磨光滑，减小附加的摩擦阻力；组装模型并用腻子填充表面的装配孔；将模型和连杆连接，固定到天平机构上。风洞试验方案如图 8-13 所示。

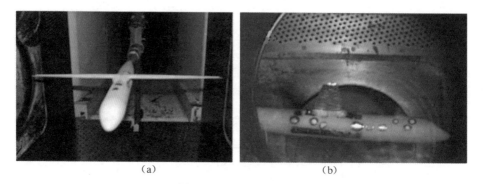

(a)   (b)

图 8-13 风洞试验方案

（a）模型安装在 FL-24 风洞中；（b）攻角为 -2° 时的试验情况。

8.4 分析讨论

8.4.1 技术可用性

从试验现象可以观察发现，翼面的扭转随着马赫数的增加越来越明显，后续数据处理可得马赫数在 0.6~0.65 时，升阻比曲线有明显的下降趋势，与实际飞行器的扭转发散速度基本相一致。

对于无操作舵面的平直机翼来说，气动弹性静力问题的主要表现是扭转发散和载荷重新分布，可利用经典的二元翼段分析模型[74]分析。

$$K_\theta - \frac{\partial C_L}{\partial \alpha} eqS = 0 \qquad (8-9)$$

$$L = \frac{\partial C_L}{\partial \alpha}\left[\alpha_0 + \frac{\frac{\partial C_L}{\partial \alpha}eqS\,\alpha_0}{K_\theta - \frac{\partial C_L}{\partial \alpha}eqS}\right]qS = \frac{K_\theta \frac{\partial C_L}{\partial \alpha}}{K_\theta - \frac{\partial C_L}{\partial \alpha}eqS}\alpha_0\,qS \qquad (8-10)$$

式（8-9）为扭转发散条件，式（8-10）为机翼发生弹性扭转时的升力表达式。当满足式（8-9）发散条件时，式（8-10）中分母趋近于零，升力趋于无穷大。而当动压 q 小于发散动压时，式（8-10）中分母大于零，升力具有确定值，升力将随动压而改变。升力变大将使扭转力矩变大，机翼的扭转变形更剧烈。当机翼发生不稳定的扭转时，随着迎角的增大，翼表面附面层气流分离点前移，分离后形成较大紊流区，飞机升力降低，压差阻力明显增大。当马赫数从 0.4 变化到 0.6 时，升力系数 C_L 随马赫数和迎角的变化而变化，相互之间是线性关系的，当马赫数从 0.6 变化到 0.65 时，升力系数虽也随着马赫数和迎角的变化而变化，但线性相关度明显下降。尤其是阻力系数 C_D 在马赫数从 0.6 变化到 0.65 时有一个迅速上升的趋势，说明此时翼面边界层分离点前移，形成了较大的压差阻力。同时通过升阻比曲线与马赫数之间的关系，可以验证这种过程的存在。综上分析，可以推断马赫数在 0.6 到 0.65 之间，扭转现象加剧。扭转发散速度大致在这个区间段内。而本次试验模拟的某型号机型扭转发散速度在此区间内，试验结果与其接近。从试验的角度验证了光固化成形刚度相似的静气动弹性模型的可行性。

8.4.2　技术适用性

1. 案例研究的对象

研究对象全机长为 24.7m，翼展长为 29.2m，机高为 8.85m，常规气动布局，非后掠翼梯形机翼，T 形尾翼，设计最大起飞质量为 21800kg，最大巡航速度为 514km/h，受载中等，对飞行安全性要求较高。本书的模型为该机的翼身模型，不包括 T 形尾翼、舵面调节，只模拟机翼刚度。测试风洞为中国空气动力研究与发展中心的 FL - 24 跨声速风洞，试验段尺寸为 1.2m × 1.2m，尺寸中等；试验马赫数范围为 0.4～0.65，攻角范围为 - 4°～ + 6°，包含了飞行包线。因此，本书所做的案例研究具有典型意义，可作为其他同类型试验的参考。

2. 多材料刚度设计方法

传统的金属梁—木质框段（单梁或双梁）结构，梁模拟机翼的刚度，木质框段的刚度可以忽略不计，因此，模型的刚度设计只需考虑梁的结构参数。一体化气动外壳的 SL 树脂的刚度较大，为了达到较高的刚度模拟精度，本书采用了树脂—金属复合刚度的设计方法。刚度校核试验表明，通过该方法设计的复合结构能够实现高精度的弯曲刚度模拟。但是使用该方法实现较复杂的弹性模型，需要考虑树脂—金属连接刚度。为减小树脂—金属连接刚度的计算难度，结构设计中避免胶结、螺栓等牢靠但难以精确仿真的连接方式，对于本章中的中等尺寸、结构简单的验证性模型是可行的。但工程实际中，大量的模型具有较大尺寸，要求刚度模拟更为精细、多次重复使用，因此对模型零件之间的连接可靠性有较高的要求，涉及较复杂的界面处理；从优化设计的角度，实际上增加了优化目标和优化变量，设计难度增大，需要考虑更复杂的模型结构（如增加金属梁的截面参数）和更精细的优化算法。

第 9 章
颤振风洞试验模型的增材制造技术

9.1 引言

动力相似模型(dynamically-scaled models)在风洞试验中使用，用来研究飞机或其部件的颤振特性和其他动态气动弹性特性[91]，是风洞试验所用模型中的一类。为方便将风洞试验中的模型数据映射到真实飞行状态下的飞机，要根据相似准则(similarity laws)设计风洞和开展风洞试验[92]，如模型几何外形、结构特性等，风洞中流体密度、流体速度等，重要的相似准则如下：①几何相似(geometry similarity)：模型与原型气动外形的相似，以保证流场相似，适用所有类型模型；②刚度相似(stiffness similarity)：模型与原型结构刚度分布的相似，保证模型结构响应的相似，适用弹性模型；③质量相似(mass similarity)：模型与原型结构质量分布的相似，保证模型质量特性的相似，适用动态模型。通常的做法是，根据测试目的，选择影响最大的相似准则，例如，静气动弹性模型(Static aeroelastic model)不需满足质量相似；但是有些类型的模型对相似性要求高，需要满足上述所有相似准则，如动力相似模型[93]，其中，颤振试验(flutter test)所用的就是这类的模型，称为颤振模型(flutter models)。

动力相似模型的设计和制造通常基于金属，材料的高模量导致在刚度相似的同时保证结构相似非常困难[94]。为优先保证模型的刚度相似，通常简化内部结构以中和模型材料高模量带来的"过刚度"，从而牺牲结构相似性。同时，使用传统机械加工技术(以数控机床为代表)加工金属模型需要较长的周期和耗费较大的成本[18,31]。研究者尝试使用低模量的非金属材料[94-95]，如树脂基复合材料等，设计和制造部分结构相似的动力相似模型。这些研究证明了非金属材料可以替代金属材料来加工动力相似，但是没有先进加工技术的支持，导致模型的设计和加工复杂性没能有效简化，从而限制结构相似模型技术的推广使用。因此，需跟踪材料科学和制造技术的新进展，寻找能够高效加工复杂低模量材料的先进技术，以此发展设计和制造结构相似的动力相似模型的新方法。但是以上研究都集中于刚性风洞试验模型——一类只需模拟气动外形的模型，而直接使用树脂材料来替代金属来加工动力相似模型的报道较少。在航空航天外的其他领域，研究者利用增材制造技术来加工全树脂的动力相似模型，用以预测金属原型的动态特性[96-97]。验证试验表明，SL工艺加工的树脂材料可近似为各向同性，其材料特性独立于加工工艺参数(如成形方向)，可用于对金属结构动态特性的预测[98]。

理想的动力相似模型除了满足几何相似、刚度相似和质量相似等相似准则外，还应该模拟原型的传力路线，这需要内部传力部件的结构相似性来保证。结构相似是一个广义的概念，指模型和原型之间内外结构的相似性，其中外部结构相似性即上述的几何相似，内部结构包括结构刚度、质量、传力路径等的相似性。研究者尝试使用低模量的非金属材料[94-95]设计和制造部分结构相似的动力相似模型。这些研究证明了非金属材料可以替代金属材料来加工动力相似模型，但是没有先进加工技术的支持，导致模型的设计和加工复杂性没能有效简化，从而限制结构相似模型技术的推广使用。光固化成形工艺一方面具有强大的复杂内外结构加工能力，适合于风洞这类具有复杂外形和内部结构(复杂的传力结构)产品的制造；另一方面，其所用的树脂材料具有较小的弹性模量和足够的强度，这为动力相似模型设计中结构相似和刚度相似提供了可能。

基于光固化成形工艺，本书提出了一种结构相似的动力相似模型的设计和制造新方法，该技术加工的模型能够兼顾外形、刚度和内部结构的相似性，同时借助光固化成形工艺加工的高效性，能够有效降低风洞试验模型设计和制造的周期及成本。本书将详述新技术的原理和关键技术，并用一个案例研究来证明新技术的可行性。

本章的技术方案如图9-1所示。通过有限单元法计算获取铝合金原型的动态特性，得到目标数据(target data)，经尺寸缩比设计、刚度优化设计和质量优化设计得到设计模型，利用SL加工得到了树脂模型；为了验证模型设计和加工的有效性，对树脂模型进行了模态试验，把试验得到真实数据(actual data)与目标数据进行对比，以两者的吻合程度来判定；同时，通过结构分析来验证原型与模型的结构相似性；最后，本章讨论了模型设计和制造新方法的经济性。

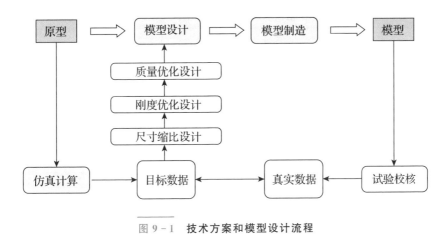

图 9 - 1　技术方案和模型设计流程

9.2　结构相似模型的设计

本节通过尺寸缩放设计、刚度优化设计和质量优化设计三个步骤完成对结构相似的动力相似模型的设计，原型材料为金属，模型材料为树脂。

9.2.1　尺寸缩放设计

尺寸缩放设计是模型设计的第一步，目的是获得模型内部结构的初始结构和精确的气动外形。方法是将原型的内外结构尺寸根据几何相似系数进行缩放处理，缩放后的外形尺寸定义了模型的气动外形，在后续设计中保持不变，以保证"几何相似"；缩放后的内部尺寸定义了模型内部结构的初始状态，最终尺寸会在刚度优化和质量优化中确定，但是后续设计保持初始状态的拓扑结构不变，只改变尺寸大小，以确保"结构相似"。

表 9 - 1 中列出了动力相似模型设计中需要满足的相似准则。它们根据相似理论推导得到[99]，可以分为基本准则和推导准则两类，后者可根据前者计算得到，确定相似准则的关键是基本准则[32]。尺寸相似准则为原型与模型结构尺寸缩放比例系数，是缩放设计的关键参数，根据原型尺寸、风洞试验段尺寸等参数确定。液体速度和密度相似准则根据真实飞行状态、风洞流体相

关参数确定。根据相似理论，马赫数相似准则为 1:1。

表 9-1　动力相似模型设计中需要满足的相似准则

	相似准则	表达式
基本准则	尺寸	K_l
	流体速度	K_v
	流体密度	K_ρ
	马赫数	K_{Ma}
推导准则	刚度	$K_{EI}/K_{GJ} = K_\rho K_v^2 K_l^4$
	质量	$K_M = K_\rho K_l^3$
	载荷	$K_F = K_\rho K_v^2 K_l^2$
	变形	$K_\delta = K_l$
	频率	$K_\omega = K_v/K_l$

9.2.2　刚度优化设计

本书采用弹性影响系数矩阵法（matrices of elastic influence coefficients，MEIC)进行模型刚度的设计[93]。刚度为结构承受载荷的变形能力，其大小由一定载荷下结构的变形大小来衡量。因此，可以将刚度相似性转换为相似载荷(similar loads)下特定方向的变形相似性(displacement similarity)。特定方向可根据模型的动态结构特性来确定。

刚度设计采用优化计算自动完成，其数学模型表达式为

$$\begin{cases} \text{minimize} & f(\boldsymbol{x}) \\ \text{subject to} & \boldsymbol{x}^l \leqslant \boldsymbol{x} \leqslant \boldsymbol{x}^u \end{cases} \tag{9-1}$$

1. 目标函数

相似刚度定义为在相似载荷下的相似变形，因此以变形误差作为优化的目标函数为

$$f(\boldsymbol{x}) = \sum_{i=1}^m \sum_{j=1}^n \left[\frac{\delta_{ij}(\boldsymbol{x}) - \bar{\delta}_{ij}}{\bar{\delta}_{ij}} \right]^2 \tag{9-2}$$

式中：m 为载荷次数；n 为变形计算节点数量；δ 和 $\bar{\delta}$ 分别为在特定载荷下某个节点处的计算和目标变形量。δ 计算式为

$$\bar{\delta} = \delta_{P} \cdot K_{l} \tag{9-3}$$

式中：δ_P 为原型（prototype）在某个节点处的变形量；K_l 为尺寸相似准则。

2. 优化变量

优化变量是模型内部结构尺寸，这些尺寸定义了内部结构的大小，而其拓扑结构（如腹板、肋板、墙桁结构的个数及其相互连接关系）保持不变；在优化过程中，模型外部尺寸（长、宽、高等）不会变化（已经在尺寸缩比阶段确定）以保持几何相似。

3. 控制变量

控制变量的设置是为了保证优化结果的合理性和加工工艺性。

9.2.3　质量优化设计

运动控制方程如式（6-13）所示。

模型的质量特性指模型总重量、质心位置和转动惯量。一种求解的方法是根据原型相关参数与相似准则（表 9-1）直接求解模型质量特性；另一种求解方法是根据模型结构特性间接求解。由式（6-13）可知，质量特性、阻尼特性和刚度特性共同决定了模型动态特性。根据以上讨论，阻尼特性的影响在本书中可以忽略不计，式（6-13）可简化为

$$[M]\{\ddot{q}(t)\} + [K]\{q(t)\} = \{F(t)\} \tag{9-4}$$

即质量特性和刚度特性共同决定了模型动态特性，而模型动态特性可由模型的特征模态（eigen mode）来表征。模型的特征模态可根据原型机翼盒段的特征模态与相应的相似准则求得，而模型的刚度特性已由刚度优化求得。因此，可由已知的动态特性、刚度特性反求质量特性。以此为基础，建立的质量优化的数学模型如下：

$$\begin{cases} \text{minimize} & g(\boldsymbol{x}) \\ \text{subject to} & \boldsymbol{x}^{l} \leqslant \boldsymbol{x} \leqslant \boldsymbol{x}^{u} \end{cases} \tag{9-5}$$

1. 目标函数

如上所述，模型质量特性由模型动态特征和刚度特性求得。在质量优化时以上述刚度优化为基础，刚度优化所得结构作为本次优化的输入数据，且

保持不变,刚度特性已经体现;模型的动态特性方面,由原型机翼盒段的特征模态(包括特征频率和特征振型)和相应相似准则求得,因模型与原型结构的相似性,振型相似自然满足,只需考虑特征频率。因此,可将目标函数定义为模型的实际特征频率和目标频率之间的误差,表达式为

$$g(x) = \sum_{j=1}^{m} \left[\frac{\omega_j(x) - \bar{\omega}_j}{\bar{\omega}_j} \right]^2 \tag{9-6}$$

式中:m 为考虑的特征频率的阶数;ω 和 $\bar{\omega}$ 分别为模型的实际特征频率和目标频率。目标频率由原型的特征频率和频率相似准则求得

$$\bar{\omega} = \omega_P \cdot K_\omega \tag{9-7}$$

式中:ω_P 为原型的某阶特征频率;K_ω 为特征频率相似准则。

2. 优化变量

本书中通过配重块(balance-weight)来调整模型的质量特性。其中,所有配重块的总质量 M_b 的计算式为

$$M_b = \bar{M} - M_0 \tag{9-8}$$

式中:M_0 为模型的初始总质量,为刚度优化后模型的总量;$\bar{M}$ 为模型目标总质量,由原型的总质量 M_P 和质量相似准则 K_M 求得。

$$\bar{M} = M_P \cdot K_M \tag{9-9}$$

单个配重块的个数、位置和质量可以作为优化变量。

3. 控制变量

控制变量的设置是为了保证优化结果的合理性和加工工艺性。

9.3 案例研究

9.3.1 机翼原型

这里选取了机翼盒段作为研究对象。

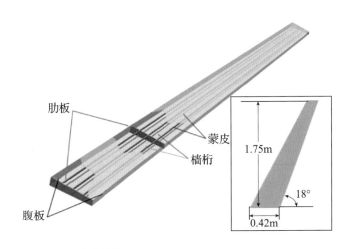

图 9 - 2　典型机翼盒段的结构示意图

　　为尽可能逼近真实机翼，本书设计了图 9 - 2 所示机翼盒段结构，原型为铝合金制造的整体结构，包括机翼的主要承力件，如蒙皮、肋板、墙桁和腹板等。原型和模型使用的材料分别为铝合金和 SL 树脂，其材料特性参数如表 9 - 2 所示。

9.3.2　优化设计

1. 尺寸缩放

　　本书拟试验条件为亚声速。根据飞机原型与所采用风洞的尺寸大小，本节选用尺寸相似准则为 1 : 5，即为原型与模型结构尺寸缩放比例系数为 1 : 5；根据所采用的风速大小、介质类型等，本节选用介质速度、密度相似准则和马赫数 Ma 相似准则分别为 1 : 4、1 : 1 和 1 : 1，如表 9 - 2 所示。

表 9 - 2　动力相似模型相似准则

	相似准则	表达式	值[①]
基本准则	尺寸	K_l	1 : 5
	流体速度	K_v	1 : 4
	流体密度	K_ρ	1 : 1
	马赫数	K_{Ma}	1 : 1

（续）

相似准则		表达式	值①
推导准则	刚度	$K_{EI}/K_{GJ}=K_{\rho}K_{\nu}^{2}K_{l}^{4}$	1：10000
	质量	$K_{M}=K_{\rho}K_{l}^{3}$	1：125
	载荷	$K_{F}=K_{\rho}K_{\nu}^{2}K_{l}^{2}$	1：400
	变形	$K_{\delta}=K_{l}$	1：5
	频率	$K_{\omega}=K_{\nu}/K_{l}$	1：1.25

注：①相似比为模型—原型。

2. 刚度优化

根据上述讨论，本书建立的刚度优化数学表达式如下。

1）目标函数

如图 9-3 所示，原型第一阶和第二阶模态分别为上下弯曲和弦向弯曲，可沿这两个方向设定载荷和对比变形。

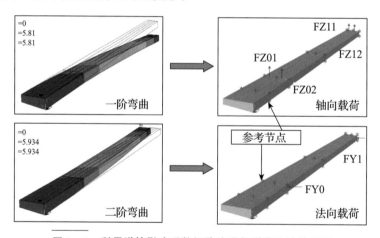

图 9-3　利用弹性影响系数矩阵法进行刚度设计的原理

如式（9-2）所示，本节以变形误差作为目标函数。其中载荷次数 m 取值为 2（如图 9-3 的二阶弯曲），变形计算节点数量 n 取值为 24（如图 9-3 的 * 号（红点）所示，共 24 个）。

2）优化变量

如图 9-4 所示，优化变量是模型内部结构尺寸，如肋板厚度（根部、中部和梢部，一共 3 个），蒙皮厚度（上表面、下表面，一共 2 个），腹板厚度

（前缘、后缘，一共 2 个），墙桁的高度和宽度（根部上表面、根部下表面、中部上表面、中部下表面、梢部上表面、梢部下表面，一个 12 个）。

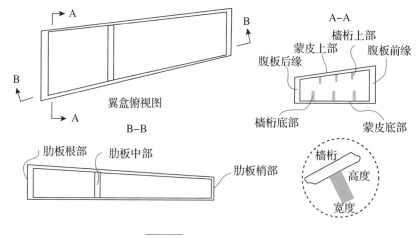

图 9 - 4　**优化变量的分布**

3）控制变量

考虑到根部蒙皮、肋板、墙桁、腹板等的尺寸较梢部大，所有尺寸的最小值要大于 SL 打印工艺允许的最小值（0.5mm）等。

本书中采用 ANSYS 软件中 BEAMP181 来建立机翼盒段的刚度有限元模型，使用其优化模块来建立自动设计，依次实施单次优化法（single run）、优化变量扫描法（DV sweep）和一阶优化法（first - order）来寻优。

3. 质量优化

根据上述方法建立质量优化数学表达式如下。

1）目标函数

本节采用目标函数式 9 - 6 所示，特征频率阶段数 m 取值为 2（只考虑一阶弯曲和二阶弯曲）。

2）优化变量

本节中优化变量设置如式（9 - 8）和式（9 - 9）所示。

考虑到模型各个结构部位不同的承重能力（配重块配置在承载能力强的位置，如翼根）、目标特征振型的节线（nodal line）位置（配重块的安装要避开振型节线的极值位置，以减小对振型的影响）和装配操作的便利性（配重块要安装在方便拆装的位置，如翼盒表面），本书选取了图 9-3 所示的 12 个位置为配重块的安装点。因此，配重块的个数和位置都已经确定，以单个配重块的质量在总配重质量所占比率为优化变量：

$$x = (x_1, \ x_2, \ \cdots, \ x_{12})^\mathrm{T} \tag{9-10}$$

式中：x_1，x_2，$\cdots$，x_{12} 为各个配重块在总配重中的比率，取值范围为 $(0, 1)$。

3）控制变量

为加工方便，本节设定单个配重块的最小质量为 0.5g，最大值由设计决定。

4）优化实施

同刚度优化类似，本书中采用 ANSYS$^®$ 中 MASS21 单元建立机翼盒段的质量有限元模型，使用其优化模块来建立自动设计，依次实施单次优化法、优化变量扫描法和一阶优化法来寻优。优化得到的质量特性参数如表 9-3 所示。

表 9-3　模型质量优化的结果

参数		误差/%
总质量	M	−1.0
质心位置	x	−6.6
	y	−3.1
	z	13.6
转动惯量	Ix	4.4
	Iy	−2.3
	Iz	−2.3

9.3.3　模型加工

1. 模型主体结构

模型主体结构指模型的承力结构，为刚度优化设计的结果，不包括配重部分。设计完成的机翼盒段采用了 SL 工艺进行加工，设备为 SPS600B 型光固化快速成形机。根据优化设计结果建立模型的 CAD 数据，进行 SL 工艺参数的选取，导入 SL 设备加工，经过清洗、打磨等后处理得到需要的实体模型。

模型主体结构的细小尺寸分布如图 9-5 所示，主要集中在翼梢部位，包括后缘腹板厚度、上蒙皮厚度、翼梢肋板厚度、底部樯桁的宽度和高度、前缘腹板厚度和下蒙皮厚度等，最小尺寸是 0.5mm，为樯桁的宽度，在 SL 工艺成形能力范围内（最小加工尺寸约 0.5mm）。图中这些结构大部分位于封闭的翼盒内腔中，机械加工的方法难以实现，需借助具有内结构加工能力的 SL 技术来完成。

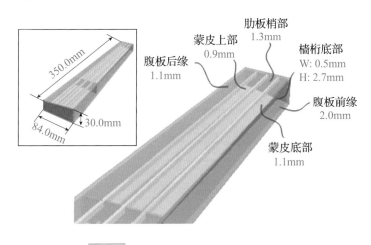

图 9-5　模型主体结构的细小尺寸分布

工艺参数的选择是 SL 加工的关键，其中，大部分工艺参数选择预设值（如分层厚度、激光功率、扫描速度等），需要着重考虑的是成形方向的选择。本书中的模型为空腔结构，过多的内部工艺支撑会带来内腔尺寸精度和表面质量的损失，如翼梢部位的细小结构（图 9-5）。因此，需要通过优化成形方向来减少或消除内部支撑。

如图 9-6 所示，内部支撑是一种工艺结构，用来防止零件的顶部结构因重力作用而变形甚至塌陷。对于内表面精度要求较高且不易后处理的空腔结构，需要通过优化成形方向来减少甚至完全避免内部支撑的设置。对于具有一个长度优势的细长空腔结构，增大成形角度（零件长度方向与加工平台面的夹角）可以降低顶部结构所需的内部支撑，但因成形高度的伸长而增加了成形所需时间。因此，需要选择最佳的成形方向使得内支撑减少的同时保证成形时间最短。

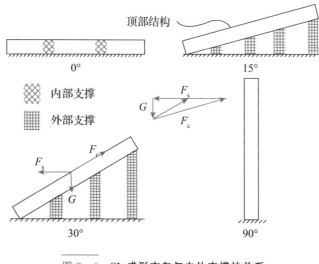

图 9 - 6　SL 成形方向与内外支撑的关系

采用上述方法，选择了最优的成形方向，保证了内部无工艺支撑，成形方向与翼展夹角约 30°，如图 9 - 7 所示。

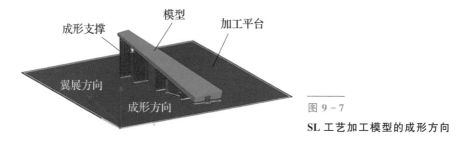

图 9 - 7

SL 工艺加工模型的成形方向

2．配重结构

模型的配重方案如图 9-8 所示，配重的材料为铅，定位结构由 SL 直接成形，采用瞬干胶联方式安装。配重材料的选择应从密度、加工性、弹性模量和价格等方面来考察。为了减小对盒段构件的刚度影响，配重材料的密度应该足够大以减小装配面，弹性模量应该与主体结构尽量接近，还应具有较好的加工性和较低的成本。铅具有较大的密度（11.34g/cm³，在常用高密度材料中仅次于钨），相比其他高密度材料（钨、黄铜等），其弹性模量与 SL 树脂较为接近（16GPa），且具有较好的加工性和较低廉的成本。因此，选择铅为配重材料。

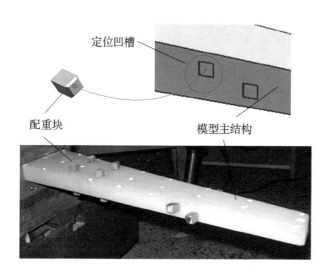

图 9 - 8

模型的配重方案

配重块是配重的提供载体。配重块结构的设计除了满足配重要求外，还要兼顾加工性，并且保证与盒段模型的连接。为加工方便，本书配重块设计为六面体块状结构，连接方面采用配重块镶嵌定位胶水黏接的方案，连接面设置插入凸台结构，如图 9 - 8 所示。配重的定位精度对模拟精度有重要影响，是传统颤振模型制造的难点，但 SL 技术为高精度定位结构提供了全新的解决方案。这里将 CAE 软件优化的配重点坐标导入 CAD 设计软件，以此为中心设计定位结构，最后借助 SL 直接制造，实现配重定位结构的高精度制造。由于装配面的预先制造（图 9 - 8 中主体结构中的定位凹槽），使得配重块的安装也得到了极大简化。

9.3.4　刚度特性验证

刚度特性验证的测试原理见第 8 章 8.3.4 节，试验方案如图 9 - 9 所示。

通过定制夹具将加工完成的模型（未安装配重块）固定在测量工作台上，载荷量为 20N 的砝码通过铁钩固定在模型梢部，测量点分布如图 9 - 9(a)所示。为了保持相同的工况，建立图 9 - 9(b)所示的仿真分析模型。

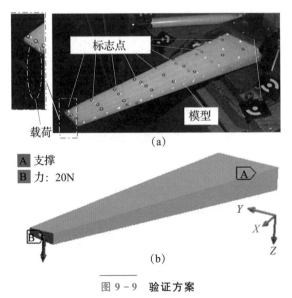

图 9 - 9　验证方案

(a)测量点分布；(b)仿真分析模型。

在相同工况下的模型变形量的测量值与仿真计算值分别如图 9 - 10(a)和图 9 - 10(b)所示。由图可知，变形分布一致性较强，最大变形量均发生在梢部，且误差较小(约为 3%)，可推断加工完成的模型的刚度分布与预期吻合，SL 技术具有较高的加工精度。

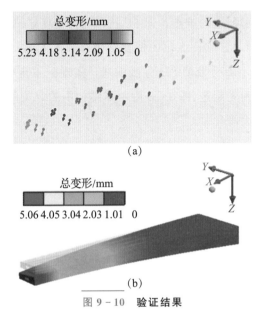

图 9 - 10　验证结果

(a)模型变形量的测量值；(b)模型变形量的仿真计算值。

9.3.5　动态特性验证

本书通过模态试验测量盒段模型动态特性，将结果与目标值（通过原型和相似准则求得）进行对比，从而分析制造的 SL 树脂盒段模型是否满足设计要求，能否用于金属原型特征参数的估算，以验证本书提出方法的可行性。基于非接触测量的扫描激光测振仪（PSV－400 型，来源：Polytec 公司），本书建立图 9－11所示的模态实验方案。树脂盒段通过定制化的夹具（fixture）安装在测量基体上（base），分别在盒段的上蒙皮和前缘腹板上预设测量标志点（measuring marker），使用激振器或冲击锤给盒段初始激励，通过架设在模型上部的测量设备（measuring apparatus）扫描测量点获取数据，经处理后（FFT 等）获得 SL 树脂盒段的动态特性（本书中为特征频率和特征振型）。

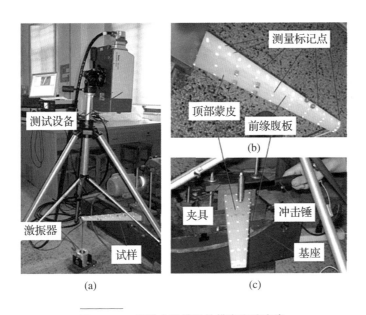

图 9 - 11　机翼盒段模型的模态实验方案

(a)整体安装图；(b)模型表面测量标记点布置；(c)加载方式。

模态测量的结果对边界条件敏感，包括试样部件的装配和试样的固定安装。对于试样的固定安装，本书设计了图 9－12所示的钢制夹具。夹具的设计一方面保证树脂盒段在翼根部的固定连接，另一方面在安装到测量基体后能使得盒段的上蒙皮和前缘腹板分别向上垂直面向测振仪扫描头。

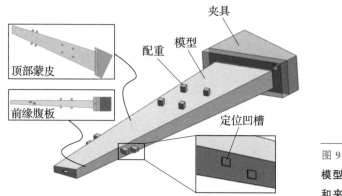

图 9 - 12

模型的部件装配
和夹具安装

如上所述，本次试样的树脂机翼盒段包括主体结构和配重块两类部件。在配重位置设计时考虑了主体结构的各部分的承载能力并避开了前 2 阶特征振型的极值点，因此使用 502 瞬干胶进行部件装配连接能够满足设计要求。在主体结构的安装凹槽中涂抹少量 502 胶水并按图 9 - 8 和图 9 - 12 所示的方式固定相应配重块。

将测量的时域振动信号经过快速傅里叶变换（fast fourier transfer，FFT）换到频率后得到盒段的动态特性。图 9-13 所示为树脂盒段的前两阶特征频率和特征振型，表 9 - 4 列出了特征频率的对比结果，其中实际值为本次试验所得数据，而目标值由铝制盒段的特征参数和相似准则求得。

表 9 - 4 树脂盒段特征频率的目标值和实际值对比

阶次	目标值 /Hz	实际值 /Hz	误差 /%
1	69.58	70.63	− 1.49
2	177.00	176.90	0.06
3	255.37	274.40	− 6.94
4	352.91	366.00	− 3.58
5	451.72	465.00	− 2.86

盒段的前两阶特征振型分别为上下弯曲摆动和左右弯曲摆动，分别通过扫描上蒙皮和前缘腹板获得，从图 9 - 13 中可得，实际值和目标值的振型相似，从表 9 - 4 中易得，实际值和目标值吻合性良好。通过对 SL 树脂盒段的测量能够较精确地预测金属原型盒段的动态特性，这为风洞中获得金属原型飞机的气动弹性参数奠定了基础[87-88]。

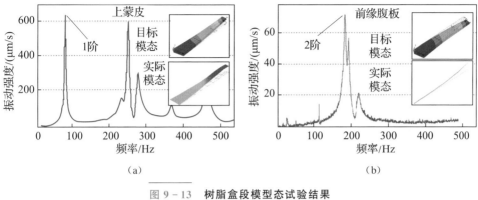

图 9 - 13　树脂盒段模型态试验结果

(a)从顶部蒙皮测量；(b)从前缘腹板测量。

9.4　分析讨论

9.4.1　结构相似性分析

图 9 - 14 所示为铝制盒段原型和树脂盒段模型的内部结构。

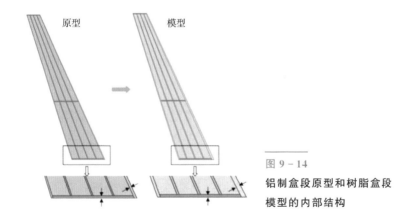

图 9 - 14

铝制盒段原型和树脂盒段
模型的内部结构

通过对比铝制盒段原型和树脂盒段模型的内部结构可知，两者拓扑结构相同，具有相似的传力特征。因此，本书设计的动力相似树脂模型实现了结构相似。而金属的动力相似模型却要对原型的内部结构进行大量的简化，难以实现结构相似[32]。因此，本书基于 SL 工艺提出的树脂动力相似模型的设计和制造方法，相比传统金属机械加工方法，可使得动力相似模型的模拟度更进一步。

相比金属，树脂具有较小的弹性模量，这对模型设计的影响讨论如下。

不失一般性，本书选择一个空心矩形梁为对象，分析树脂模型能够实现结构相似的原因。原型梁的结构及尺寸如图 9-15 所示，包括长度 l（length）、宽度 w（width）、高度 h（height）及宽度方向的壁厚 tx（thick-X）和高度方向的壁厚 ty（thick-Y）共 5 个参数。

使用表 1-3 所示的材料特性参数和表 9-2 所示的相似准则。

根据动力相似模型的设计方法，以 w、tx 和 ty 为优化变量（h 和 l 缩比设计后不变，以保持几何相似性），分别设计了 SL 树脂和铝合金的空心矩形梁动力相似模型，其结构及尺寸分别如表 9-5 所示。

表 9-5　原型和模型矩形空心梁的参数

参数		原型	树脂模型	铝合金模型
尺寸 /mm	长度	400.00	80.00	80.00
	高度	100.00	20.00	20.00
	宽度	80.00	15.14	11.78
	厚度-X	6.00	3.53	0.12
	厚度-Y	5.00	2.14	0.05
质量 /g	主体结构	2090.6	15.6	1.3
	配重	16.7[①]	1.1（0.1[②]）	15.4（11.9[②]）

注：①模型的目标质量由原型质量和质量相似准则求得；
　　②配重与主体结构的质量比。

1. 结构相似

从图 9-15 及表 9-5 可知，SL 树脂模型与原型的拓扑结构相同，同时结构尺寸具有可加工性，因此，基于 SL 工艺可以实现动力相似模型的结构相似性。相反地，结构相似设计得到的铝合金模型的最小壁厚 ty 为 0.05mm，不具有经济加工性，为了实现动力相似，只能改变内部结构，如工字梁等，从而失去了结构相似性。以弯曲刚度 EI 为例，论证出现该结果的原因。根据相似理论，刚度相似准则 K_{EI} 可表示为

$$K_{EI} = K_E \cdot K_I \tag{9-18}$$

从式（9-18）易得，如果刚度相似系数一定，则材料刚度参数相似系数（此处为弹性模量 K_E）与结构几何参数相似系数（此处为截面惯性矩 K_I）为反比关系，即较软的模型材料意味着较大的模型结构尺寸。相比铝合金，SL 树脂具有较低的弹性模量，因此由其制造的模型具有较大的截面壁厚。

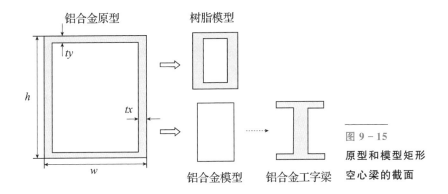

图 9 - 15
原型和模型矩形
空心梁的截面

材料的低模量是保证动力相似模型结构相似性的必要条件[67]，但还需加工技术成形能力的支持。刘兵山等人[66,100]基于低模量复合材料，设计制造了机翼盒段模型。模态试验显示，该盒段模型前两阶特征频率的实际值与目标值的误差范围为 4%～15%，而本书误差小于 2%。这是因为 SL 工艺具有强大的内外结构打印能力，对于飞机模型这类具有不规则外形和复杂传力结构的产品，能够保持较高的加工精度，而这一点是传统工艺难以实现的。

总之，SL 所用材料较低的弹性模量和其强大的成形能力保证了动力相似模型的结构相似性。

2. 配重减重

从表 9-5 可得，铝制模型的配重总质量是 15.4g，远大于其主结构的 1.3g，前者约为后者的 11.9 倍，这使得配重的设计和安装非常困难。相反，SL 树脂模型的配重远小于其主结构质量，仅为后者的 1/10，几乎可以忽略。理论上，通过对现有尺寸数(1 : 5)的微调可以实现"零配重"。

9.4.2　技术局限性

1. 案例研究的对象

本章研究对象为一段没有气动外形的盒段，通过模态试验的方法对模型实现方法的正确性进行了验证。盒段是飞机主机翼的主要承力构件，对机翼结构性能和飞机动态特性具有决定性作用，以其为研究对象，具有代表性；模态试验能够用于测试模型的结构动态特性，是动力风洞试验的必然步骤[88]。但是，要将 SL 全树脂的动力模型用于真实飞机风洞试验，仍需进行以下研究工作。

SL 全树脂模型的强度设计：有研究团队设计了非金属的动力模型，并进行了模态试验验证，证明非金属材料可用于飞机动力模型的设计[67]。该研究中采用的是一种低模量复合材料，在弹性模量和机械强度方面，该材料与本章所用 SL 树脂类似。但是该研究中未见风洞试验的验证，因此非金属在风洞试验中的可行性仍需要进一步研究。其中核心的问题是非金属材料的强度是否足够。本书其他研究工作表明全树脂的 F4 标准模型在 FL－21 跨声速风洞(试验段为 0.6m×0.6m)在马赫数为 0.85 仍安全，这为本章的后续研究提供了良好的基础。

SL 全树脂模型的加工研究：动力模型对模型的结构参数敏感，因此要求 SL 设备能够一次性加工完整的模型构件，如一次加工单翼。国内常用 FL－24 (试验段 1.2m×1.2m)和 FL－26(试验段为 2.4m×2.4m)跨声速风洞，前者所用模型的最大尺寸为 0.6～0.8 m，后者为 1.0～1.5m。目前主流 SL 的打印设备的加工尺寸在 1m 量级[28]，如 3D systems 公司的 iPro 9000XL 型 SL 设备最大成形尺寸为 1.5 m × 0.75 m × 0.55 m，西安交通大学的 SPS600B 型 SL 设备的最大加工尺寸为 0.6 m × 0.6 m × 0.45 m。

2. 模型设计方法的效率问题

本章的模型设计通过优化计算方法来实现，因为翼盒本身结构的简单和目标振型选取的简化(只取前两阶)，选用 CAE 软件自带的优化算法，经过较短的计算时间(约 100 计算步)就能得到满意的收敛结果，这对本章的研究对象是足够的。但是真实的全机颤振模型的设计问题较为复杂，涉及更多的优化变量，ANSYS 内嵌的优化算法显得效率较低。因此，需要开发专用的优化算法，以期提高优化设计的效率和精度。国内外结构尺寸范畴内的优化设计算法已经发展到较为成熟的阶段，有些研究人员针对颤振模型设计问题开展专门的算法研究，可参考借鉴。

扭转模态是机翼重要的固有特性，本章研究的盒段的前两阶不涉及扭转，因此在模型刚度设计中不考虑扭转刚度。另外，本章进行的质量相似设计基于振型相似与固有频率相似，它们共同决定了模态相似和结构相似自动实现振型相似的假设。从严格意义上讲，需要对此假定进行检验。所以后续工作应该增加振型相似设计的功能，利用 CAE 软件的变形提取功能，自动获取节线信息，并针对其位置配置优化计算。

第 10 章
变形相似测力模型的增材制造

10.1 引言

大型运输类飞机的机翼一般具有较大的展弦比，巡航状态下的翼梢变形量可达米级。飞机机翼在不同飞行状态下的巨大气动外形差异，为精确预测飞机的气动性能和进行相应设计增加了难度，使该机翼大变形预测成为设计高可靠性、高效率大型运输机的关键技术之一。在飞机概念设计阶段，需要开展与此相关的大量的计算和试验工作。以多学科优化设计和流固耦合仿真技术为代表的计算技术有助于解决很多的飞机设计中的空气动力学和结构力学问题[74]。但是对于高速状态下的高阶非线性空气动力学(如大变形等)问题，风洞试验技术被广泛认为具有更高的可靠性[77]。在开展风洞试验过程中通常会使用飞机的一系列的刚性模型和一个静气动弹性模型。为提高数据的可靠性，试验数据会先进行适当的修正，如图 10-1 所示[101]。静气动弹性修正的

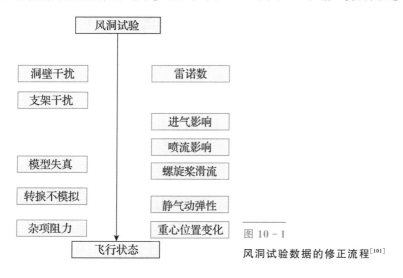

图 10-1
风洞试验数据的修正流程[101]

目的是消除刚性模型在吹风过程中不可避免的变形引起的数据偏差。当然，修正过程建立在理论基础和大量经验数据基础上，耗时耗力，但在目前的风洞试验方案中不可或缺。风洞试验模型设计和加工技术的改进能够为现有风洞试验提供新的实施方案。

高精度、高可靠性的机械加工技术（以数控加工技术为代表）是目前风洞试验模型的设计和制造的基础。但是材料科学和加工技术的最新进展为开创新的模型加工技术提供了可能，其中，以增材制造技术为代表[19,102]。因强大的加工复杂结构加工能力，增材制造技术在发展初期就被引入到了风洞试验模型的制造中，其可行性也得到了充分验证[25,45,46]。但是，高精度增材制造技术所用的材料大都为以环氧树脂为代表的非金属，因该类材料的低强度、低模量，使得该技术在高速风洞试验模型制造中的有效性被广泛怀疑，为此人们发展出多种强化增材制造技术所制模型的方法[34,43,74]。这些方法都基于一个观点，即增材制造所用非金属材料较弱的机械性能是一个不足，在风洞试验模型的设计和制造中，这一点是必须避免和克服的。然而，如果换一种观点，充分利用非金属材料的特点，这个不足也许可以转变为优势，从而发展出一种全新的风洞试验技术方案。在机械强度方面，考虑到尺寸缩比后模型所受应力也急剧下降，使用非金属材料加工成风洞试验模型，其强度在理论上可行的；而非金属材料较低的弹性模量赋予模型较高的变形能力，使其能够与真实大展弦比飞机一样可发生大的机翼变形。不仅如此，研究表明较低的弹性模量能够使模型保留与真实飞机类似的传力结构[13,14,67,100]，而由金属加工成模型却不能。同时，树脂材料具有较高的阻尼，这对提高风洞试验安全性和采集数据效率有重要意义。材料的高阻尼特性能够减小吹风过程中模型的振动，有利于提高安全性；同时，高的阻尼使模型在初始振动下能够更快地回到稳定位置，减少采集等待时间，从而提高数据采集效率。另外，计算流体力学和试验流体力学融合发展也为重估和改进现有飞机模型设计和制造技术提供了基础[5]。

本书基于光固化成形工艺，提出了一种具有大展弦比机翼的飞机风洞试验模型设计和制造的新技术，为大型飞机的概念设计提供一种新的风洞试验方案。本章设计了一种具有"初始负变形"的柔性模型（flexible model），吹风过程中，在载荷作用下变形到试验所需的气动外形——目标外形（target contour），相比刚性模型（金属），该模型可以省去金属制模型的弹性影响修正工作，且更加逼近飞行中的真实飞机，实现"变形相似"。本章将详述该技术的原理、解决其中的关键技术，并用一个案例来证明该方法的可行性。

10.2　预变形设计

10.2.1　柔性模型

大量的风洞试验使用刚性模型。此类模型一般由高弹性模量材料制成（如钢、铝等），但是在吹风过程中，模型不可避免的会发生变形，如图 10 - 2 所示。

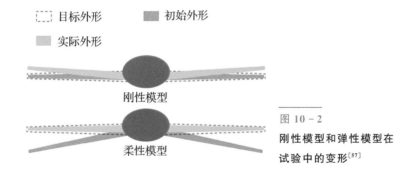

目标外形　初始外形
实际外形

刚性模型

柔性模型

图 10 - 2

刚性模型和弹性模型在试验中的变形[57]

因为假设模型不发生变形，因此模型的初始外形（original contour）即为目标外形，但在气动载荷作用下，初始外形变形到实际外形（actual contour），从而偏离目标外形。为了消除模型变形对数据精度的影响，一般要对采集的数据进行变形修正（correction of deformation）。

柔性模型可用于避免变形修正带来的额外成本和耗时及时可能的精度损失风险。其原理为，该模型基吹风载荷作用下变形到需要的气动外形（目标外形），无须变形修正即可直接获取设定外形下试验数据。如图 10 - 2 所示，加工得到的模型具有"负变形"的初始外形，气动载荷作用下变形后的实际外形与目标外形重合。

支持复杂刚度分布模型的加工技术和获得初始负变形量的计算方法是该新方法的关键技术。刚性模型要求刚度足够大，精度规定是定性的，而柔性模型则定量的要求其刚度分布达到特定设计值（类似气动弹性模型），后者对设计方法和加工技术的要求较高。若采用传统刚性模型使用的数控机床为基础的加工技术，则其成本和周期将会大大增加，抵消了柔性模型免除变形修正带来的收益，在经济上是不可行的。同时，传统模型加工材料以金属为主，其弹性模量较大，相比低模量材料，其变形范围较小，在同样气动载荷作用下，预变形量较小。以 SL 工艺为代表的增材制造技术的发展提供了另外一种选项。如上所述，SL 加工技术以一种热固性树脂为原料，能够以较高的精度实现具有复杂内外结构零件的经济加工。SL 树脂与两种常用模型材料性能参数对比如表 1-3 所示。一方面，复杂内外结构的快速加工能力为柔性模型复杂刚度分布的实现提供了可能，同时降低了预变形计算和模型设计的难度；另一方面，低模量树脂具有较大的变形能力，为预变形计算提供较大的设计范围。同时，相比金属材料，树脂具有较大阻尼，有利于减弱风洞吹风波动带来的模型振动。

10.2.2 预变形量计算

预变形量的获取是柔性模型设计的关键。本书采用流固耦合计算方法精确获取特定气动载荷作用下的模型变形，以此为基础，借助优化方法，得到一定工况下柔性模型的预变形量。

1. 获取模型气动变形——流固耦合计算

CFD/CSD 耦合方法是本技术变形计算的核心技术，通常用于高精度的气动弹性分析[34]。本书采用 CFD 和 CSD 计算数学模型分别讨论如下。

CFD 求解的流体控制方程为

$$\frac{\partial}{\partial t}\iiint_V \boldsymbol{Q}\mathrm{d}V + \iint_{\partial V}\boldsymbol{F} \cdot \boldsymbol{n}\mathrm{d}S = 0 \qquad (10-1)$$

式中：$\boldsymbol{Q} = [\rho, \ \rho u, \ \rho w, \ \rho e]^{\mathrm{T}}$，其中 ρ、u、v、w、e 分别为空气密度、速度矢量三个坐标方向的分量和单位质量的总内能；$\boldsymbol{n}$ 为面积分的法向单位向量；V 为体积分域，∂V 为包含体积分域的边界；$\boldsymbol{F}$ 为通量项，包括无黏项 $\boldsymbol{F}_E$ 和黏性项 $\boldsymbol{F}_v$。如果考虑黏性项 $\boldsymbol{F}_v$，方程（10-1）为 Navier-Stokes 方程，如果不考虑黏性项 $\boldsymbol{F}_v$，式（10-1）为欧拉方程。通量项 $\boldsymbol{F}$ 采用中心格式离散，时间离散采用双时间方法[80]。

CSD 求解的结构运动控制方程为

不考虑速度和加速度的影响，式(6-13)可以简化成下式，即结构静平衡方程。

$$[K]\{q(t)\} = F(t) \qquad (10-2)$$

按照耦合的方式划分，CFD/CSD 耦合可以分为三大类：全耦合、松耦合和紧耦合三种方式[104]。在全耦合模型(fully coupled model)方法中，流体方程和结构运动方程以统一的形式表示，并且在物理时间上同时求解流体方程和结构运动方程。全耦合方法计算成本很高，受到网格尺寸的限制，仅用于求解 2D 简单流动问题。松耦合模型(loosely coupled model)方法中，流体和结构运动方程通过独立的求解器求解，流场模块和结构模块之间采用外部数据交换的方式，就是在部分或全部收敛后才开始交换数据。这种数据交换方式增加了求解代码选取的灵活性，但是计算精度较低，仅限于求解小扰动和中等非线性的问题。在紧耦合模型(closely coupled model)方法中，流场和结构运动方程采用不同的求解器求解，但被耦合在一个单一的模块中，通过接口技术在界面或边界进行数据的交换。紧耦合方法在流场模块和结构模块之间仅采用内部数据交换的方式，即在数据没有收敛时就开始交换数据，可以用于求解大扰动和高度非线性的问题。这里交换的数据是指从流体表面网格映射到结构动力学网格上的气动力载荷和结构动力学网格映射到 CFD 表面网格的结构位移。

这里采用紧耦合模型，流场离散求解非定常 N-S 方程，结构场离散求解结构静平衡方程，动态网格更新采用弹簧类推法，界面数据传递采用虚拟面法（virtual surface，VS）方法。

2. 获取模型预变形量——优化计算

预变形量的计算原理图如图 10-3 所示。

设计的目的是获得模型的"设计外形"，加工的模型具有此外形，能够在试验工况下(定义为模型的"设计点")受载变形到"目标外形"，从而获得这个外形下的试验数据。"目标外形"是飞机的一种气动状态，通常是飞机设计中的气动最优点，在"设计点"预期具有较好的气动表现，而其真实气动特性需要风洞试验来验证。

如果模型使用金属机械加工的方法来实现，那么这个外形就是模型的"加工外形"。金属模型被认为是刚性的，理想状态下，在吹风过程中，此类模型要求"零变形",然而,实际上这一点是不可能的。为了修复此不可避免的变形带来的误差,试验数据需要进行"变形修正"。相对于金属机械加工的模型,本书利用增材制造技术加工非金属(环氧类树脂)的"柔性模型"。该类模型在吹风状态下具有与真实飞机一样的大变形能力。如果模型的外形具有一个反向的"预变形",利用大变形能力,使其在吹风状态下变形到"目标外形",无须修正则可直接获得需要的试验数据。

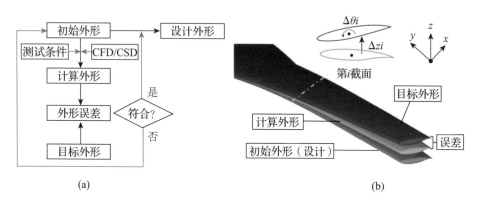

图 10-3　预变形量的计算原理图

(a)优化计算框图；(b)外形关系。

　　这种新技术的核心是如何从"目标外形"获得"设计外形"。本书基于计算流体力学和计算结构力学耦合法,利用优化计算来获得外形。优化数学模型如下式：

$$\text{minimize} \quad f(\boldsymbol{x}) \qquad (10-3)$$

式中：目标函数 $f(\boldsymbol{x})$ 定义为"获取外形"与"目标外形"的外形偏差。理论上,外形偏差的计算应该考虑所有外形所有节点的所有偏差,但对于工程实际来说,这种方法计算量非常庞大而不可行。这里采用了一种简化策略,只选取外形上的关键节段,并且只取对气动特性起关键作用的偏差。如图 10-2(b)所示,这里选取了机翼的若干关键截面(第 i 个截面),只计算其沿 z 向的平移偏差和绕扭转中心的旋转偏差。简化后的目标函数可表述为

$$f(\boldsymbol{x}) = \alpha_\theta \sum_i^n |\Delta \theta_i| + \alpha_z \sum_i^n |\Delta z_i| \qquad (10-4)$$

式中：α_θ 和 α_z 为相应的计算权重。

　　目标函数中的向量 $\boldsymbol{x}$ 是优化变量,定义了一组特定的"初始外形"。当目

标函数 $f(x)$ 小于设定阈值时，该组"初始外形"就是优化计算的"设计外形"，也就得到了模型的"加工外形"，即优化收敛后，"初始外形" = "设计外形" = "加工外形"。如上所述，"初始外形"从"目标外形"通过"反预变形"获得，优化变量 x 定义了该变形量。如同上述获得目标函数的简化方法，优化变量 x 也用类似的方法构成：

$$x = (z)_1, z_2, \cdots, z_n, \theta_1, \theta_2, \cdots, \theta_n) \qquad (10-5)$$

根据 CFD/CSD 耦合计算的方法，可以预测特定构形的模型在气动力载荷下的静气动弹性变形。基于这种方法，优化思想为：以模型初始外形作为设计目标，寻找模型的修正外形，使得特定条件的气动载荷作用下变形后的外形与初始外形相同，这样获得的气动力数据就去除了弹性变形的影响，这时的变形修正外形就是模型的制造外形。

图 10-3(a)所示为优化计算的框图，可以采用寻优的方法寻找模型的制造外形，其中变形后外形与初始外形的误差既有量值上的判断又有外形误差对气动力影响大小的判断。误差源分析设定相应的基本准则，以保证寻优的快速性，如扭转变形产生的剖面迎角变化对升力、阻力和俯仰力矩的影响较大，弯曲变形对力的影响较小一些等。

10.3　案例研究

10.3.1　模型设计

F4 模型是一个翼身组合体标模，机翼为大展弦比超临界翼，用来研究欧洲三座大型跨声速风洞飞机试验数据的相关性和验证三元跨声速翼身组合体计算程序的可用性[105]，F4 模型的机身长度 L 为 1192mm，翼展 b 为 1171.29mm。这里进行验证试验的风洞截面尺寸为 0.6m×0.6m，所以设计制造的是比例为 1：4 的 F4 模型。下面为了叙述方便，F4 模型即表示本书设计的模型。采用 SL 树脂材料(性能参数参考表 1-3)，按照变形修正的方法设计了 5 套设计条件(马赫数 $Ma = 0.6$，迎角 $\alpha = 0°$，速压 $q = 20\text{kPa}$)下的 F4 制造外形用于加工。5 套 F4 制造外形如图 10-4 所示，其中 3 号为"设计外形"，上下对称分布的 1、2 和 4、5 号为对比目的的设计。

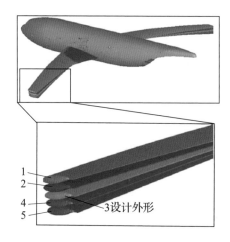

1
2
4
5 ————3设计外形

图 10 - 4

模型制造外形与初始外形

强度校核的气动参数和风洞试验条件如表 10 - 1 所示，其中攻角选为最大值 2°。

表 10 - 1　强度校核的气动参数和风洞试验条件

参数	数值
马赫数 Ma	0.6
攻角 α/（°）	$-2\sim2$
偏航角 β/（°）	0
滚转角 γ/（°）	0
雷诺数 Re	4.3×10^{5}
总压 $P_{0\infty}$/kPa	101

F4 树脂模型在设计条件时的气动力作用下的应力分布如图 10 - 5 所示，其分布符合预期。

如图 10 - 4 所示，最大应力值发生在机翼的中部位置，为 15MPa，小于材料许用应力（23MPa），说明设计的光固化成形工艺的 F4 模型满足风洞试验的强度要求。

为了测量作用在模型上的气动力，模型需要安装在风洞中的测量机构上，模型通过过渡轴套和天平支杆连接在一起，如图 10 - 6 所示。

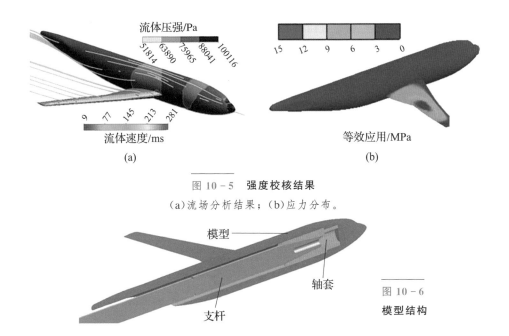

图 10 - 5　**强度校核结果**

（a）流场分析结果；（b）应力分布。

图 10 - 6

模型结构

10.3.2　成形制造

经过加密光顺处理后的 5 套 F4 模型在 SPS600B 型光固化快速成形机上进行了加工。

为了减小机翼表面上光固化成形各个断面的台阶效应对模型表面的影响，成形方向选择模型轴线的方向，支撑加载在模型的头部和机翼前缘上，如图 10 - 7 所示。但是由于头部和机翼前缘支撑是点支撑，而且支撑高度过高，支撑刚度较低，加工时容易产生支撑变形，降低成形的精度甚至导致加工的模型报废，因此采用两个模型同时加工的方法，在模型的机身背部之间添加支撑，增加支撑的刚度。

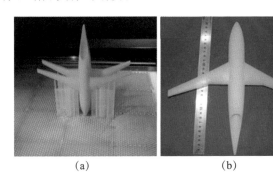

图 10 - 7

模型成形方向和支撑位置

（a）设备加工中的模型；

（b）加工完成的模型。

模型表面经过去除支撑和打磨处理,粗糙度达到了 1.4 μm,满足风洞试验的模型表面粗糙度要求。虽然光固化成形工艺的成形精度比机加工方法低,但同传统的机加工制造方法相比,光固化成形工艺可以降低加工周期和加工成本,而且很容易实现小模型的无缝一体加工,不需进行模型的装配,加工后的模型整体性能良好。

10.3.3 风洞试验

模型在风洞中的安装如图 10-8 所示。

图 10-8
模型在风洞中的安装

模型的风洞试验在中国空气动力研究与发展中心高速所 FL-21 跨超声速风洞进行,FL-21 风洞试验段的尺寸为 0.6m×0.6m×1.75m。天平采用编号为 2N6-18A 的六分量天平。风洞试验条件如表 10-1 所示,其中雷诺数 Re 为基于机翼平均气动弦长的雷诺数。

10.4 分析讨论

10.4.1 技术可用性

马赫数 Ma 为 0.6 时,升力系数 C_L 和阻力系数 C_D 相对攻角 α 的曲线如图 10-9 所示。定性来看,所有 C_L-α 曲线都近似线性分布,其趋势与金属模型所得相同[14]。

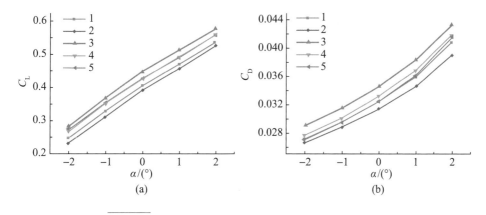

图 10 - 9　模型气动力系数随攻角 α 的变化($Ma=0.6$)

(a)升力系数相对攻角 α 的曲线；(b)阻力系数相对攻角 α 的曲线。

表 10 - 2 示出了不同模型在"设计点"的升力系数 C_L 和阻力系数 C_D。其中，金属模型的数据分别来自欧洲三座风洞——NLR、ONERA 和 DRA，并且经过了静弹性和变形修正[105]。本次试验中使用树脂模型在 FL - 21 风洞中所得数据未进行静弹性和变形修正。与预期一样，具有"设计外形"的模型(3号)的升力系数 $C_L=0.445$ 与三座风洞中的平均值 0.440 最接近。在本次试验的所有结果中，3 号模型具有最大的升力系数 C_L，这与预期相符、因为在设计阶段，该外形就有最优的气动特性[14]。同时，1 号和 2 号模型的升力系数较为接近，4 号和 5 号模型的数据也有类似的特点，这是合理的。原因是在模型设计时 4 号和 5 号两组模型的外形分别位于 3 号的上下表面(图 10-4)。

表 10 - 2　基本气动系数的对比

测试	树脂模型，FL - 21 风洞					金属模型，其他风洞			
	1	2	3	4	5	NLR	ONERA	DRA	平均
C_L	0.404	0.391	0.445	0.428	0.430	0.443	0.441	0.437	0.440
C_D	0.0314	0.0305	0.0319	0.0321	0.0314	0.0258	0.0251	0.0249	0.0253

对于阻力特性，本次试验的结果与三座风洞的结果有较大的差异，如图 10-9 所示和表 10 - 2 所示。首先，阻力系数 C_D 较升力系数 C_L 小一个数量级，因此在模型外形优化设计中，阻力系数 C_D 没有被考虑。另外一个原因是风洞试验中雷诺数的差异。本次试验的雷诺数 $Re=4.3\times10^5$，文献中 $Re=3\times10^{6[105]}$，两者相差一个数量级。因为雷诺数 Re 是表征流体介质黏性影响

的无量纲系数，其值越小意味着黏性影响越大，从而阻力也越大。这是本次试验中阻力系数 C_D 均大于文献报道的另一个原因。

10.4.2 技术局限性

1. 案例研究的对象

F4 模型是一种结构简单的标准翼身模型。经过适当的风洞模型试验段、模型缩比系数选取，该模型尺寸处于本章所用快速成形设备的加工范围内，可实现整机全模的一次性加工。本章所做的案例研究是大展弦比飞机原型、结构简化模型、小风洞试验模型的典型代表。在工程应用中，大量的测力试验在更大型风洞中进行(如 FL-26 风洞，试验段为 2.4m×2.4m)，模型尺寸较大(1m 量级)，模型的细节特征丰富(如包括可调舵面)，不易使用 SL 设备一次性加工，这必将增加预变形设计和模型加工的难度，需要进行针对性研究。该方法适合在大型运输类飞机的概念设计阶段的选型设计，可用该技术大量设计和制造具有一系列外形的风洞试验模型，进行大量风洞试验，从中筛选具有最佳气动外形的方案。

2. 通用预变形设计方法

本章 F4 模型只考虑机翼变形，且机翼为实心结构，因此模型的设计无需考虑机身或尾翼等部分的变形和模型内部结构的设计。但对于较大尺寸和包含细节特征的测力模型，在预变形设计中必须考虑除机翼外在其他部分的变形，还要在模型设计中增加结构设计功能。在其他部位变形方面，可以参考本章机翼变形的优化计算方法，但需要考虑提高 CFD/CSD 耦合变形计算和预变形寻优算法效率的方法；模型内部结构的设计可参考本书其他章节(如第 3 章和第 4 章的模型刚度优化设计)介绍的设计方法。

参考文献

[1] 黄俊，武哲，孙惠中，等. 飞机总体优化设计的新进展[J]. 航空学报，2000，(06)：481-487.

[2] 湛岚. 大型客机外形参数化与机翼气动结构多学科优化[D]. 南京：南京航空航天大学，2009.

[3] 王勋年. 低速风洞试验[M]. 北京：国防工业出版社，2002.

[4] 恽起麟. 风洞试验[M]. 北京：国防工业出版社，2000.

[5] MARCUS S, TOMMIE L, WILLIAM P. Integrated Test and Evaluation for the 21st Century[C]. California：AIAA，2004.

[6] 王发祥，徐明方，李建强. 高速风洞试验[M]. 北京：国防工业出版社，2001.

[7] 李为吉. 飞机总体设计[M]. 西安：西北工业大学出版社，2005.

[8] 李潜，刘子强. 大型飞机研制需要的风洞试验技术[C]. 深圳：中国航空学会，2007.

[9] FUJII K. Progress and future prospects of CFD in aerospace-wind tunnel and beyond[J]. Progress in Aerospace Sciences，2005，41 (6)：455-470.

[10] 中华人民共和国国家军用标准. 低速风洞飞机模型设计准则[S]. 北京：中国人民解放军总政治部，2006.

[11] 中华人民共和国国家军用标准. 高速风洞模型设计规范[S]. 北京：国防科学技术工业委员会，1988.

[12] ZHU W. Models for wind tunnel tests based on additive manufacturing technology[J]. Progress in Aerospace Sciences，2019，110：100541.

[13] 张锦江，杨智春. 具有多阶频率与振型约束的结构动力学优化设计[J]. 强度与环境，2007(01)：11-16.

[14] 吴浩，燕瑛，钱卫. 某机复合材料颤振模型的设计与模态试验，复合材料技术与应用可持续发展工程科技论坛论文集[C]. 北京：中国工程院，中国复合材料学会，2006.

[15] 钱卫吴，赵铁铭，王标. 颤振风洞试验中结构相似动力学模型的设计[C]. 成都：全国航空航天领域中的力学问题学术研讨会，2004：153-156.

[16] GIONET C，YANDRASTS F. Developments in model design and manufacturing techniques. Proceedings of the Royal Aeronautical Society 1997 European Forum [C]. Cambridge：The Royal Aeronautical Society，1997.

[17] SPRINGER A C K，ROBERTS F. Application of rapid prototyping models to transonic wind-tunnel testing[C]. Nevada：AIAA，1997.

[18] TIMOTHY G. Process Improvement For Aerodynamic Model Development [C]. Hawaii：AIAA，2008.

[19] HEYES A L，SMITH D A R. Rapid Technique for Wind-Tunnel Model Manufacture[J]. Journal of Aircraft，2004，41 (2)：413-415.

[20] BLACK C，SINGH K V，GOODMAN S，et al. Design，fabrication and testing of 3D printed wings for rapid evaluation of aeroelastic performance[C]. Florida：AIAA，2018.

[21] 战培国，杨炯. 国外风洞试验的新机制、新概念、新技术[J]. 流体力学实验与测量，2004，18 (4)：6.

[22] SPRINGER A，COOPER K，F R. Application of rapid prototyping models to transonic wind-tunnel testing[C]. Nevada：AIAA，1997.

[23] SPRINGER A，COOPER K. Comparing the aerodynamic characteristics of wind tunnel models produced by rapid prototyping and conventional methods [C]. Atlanta：AIAA，1997.

[24] CHUK R N，THOMSON V J. A comparison of rapid prototyping techniques used for wind tunnel model fabrication [J]. Rapid Prototyping Journal，1998，4 (4)：185-196.

[25] SPRINGER A. Evaluating aerodynamic characteristics of wind-tunnel models produced by rapid prototyping methods [J]. Journal of Spacecraft and Rockets，1998，35 (6)：755-759.

[26] GIBSON I，ROSEN D，STUCKER B. Additive manufacturing technologies：3D printing, rapid prototyping, and direct digital manufacturing [M]. New York：Springer，2015.

[27] WOHLERS T，Caffrey T. Wohlers Report 2012 [R]. Ft. Collins：

Wohlers Associates，2012.

[28] SPRINGER A，COOPER K. Comparing the aerodynamic characteristics of wind tunnel models produced by rapid prototyping and conventional methods. proceedings of the 15th Applied Aerodynamics Conference [C]. Atlanta：AIAA，1997.

[29] REEDER M F，ALLEN W，PHILLIPS J M，et al. Wind-tunnel measurements of the E－8C modeled with and without winglets[J]. Journal of Aircraft，2008，45 (1)：345－348.

[30] BUTLER T W. Model design and fabrication improvements for wind tunnel testing[C]. Nashville：American Institute of Aeronautics and Astronautics Inc. , 2005：363－369.

[31] JONATHAN BARTLEY-CHO J H. Design and Analysis of HiLDA/ AEI Aeroelastic Wind Tunnel Model[C]. Hawaii：AIAA，2008.

[32] GIULIO ROMEO G F，CESTINO E，MARZOCCA P，et al. Nonlinear Aeroelastic Modeling and Experiments of Flexible Wings[C]. Rhode Island：AIAA，2006.

[33] TYLER C，BRAISTED W，HIGGINS J. Evaluation of rapid prototyping technologies for use in wind tunnel model fabrication[C]. Reno：AIAA，2005.

[34] TYLER C. A joint computational fluid dynamics and experimental fluid dynamics test program[C]. Reno：American Institute of Aeronautics and Astronautics Inc. , 2004.

[35] BUCK G M. Rapid model fabrication and testing for aerospace vehicles；proceedings of the 38th Aerospace Sciences Meeting & Exhibit[C]. Nevada：AIAA，2000.

[36] TYLER C R M，BRAISTED W，et al. Rapid technology focused experimental and computational aerodynamic investigation of a Strike Tanker[C]，Woodland Hill：AIAA，2004.

[37] HILDEBRAND R J E R，TYLER C. Development of a low cost，rapid prototype，lambda wing-body wind-tunnel model[C]. Florida：AIAA，2003.

[38] LANDRUM D B，BEARD，ROBERT M，et al. Evaluation of

stereolithography rapid prototyping for low speed airfoil design[C].
Nevada：AIAA，1997.

[39] AZAROV Y A，VERMEL V D，KORNUSHENKO A V，et al.
Experience in laser stereolithography and its application in
manufacturing wind-tunnel aerodynamic models of various purposes
[C]. Suzdal：SPIE，2002.

[40] NADOOSHAN A A，DANESHMAND S，AGHANAJAFI C. Application of
RP Technology with Polycarbonate Material for Wind Tunnel Model
Fabrication[C]. Bongkok：World Acad Sci，Eng & Tech-Waset，2007.

[41] ZHOU Z，LI D，ZENG J，et al. Rapid fabrication of metal-coated
composite stereolithography parts[J]. Proceedings of the Institution of
Mechanical Engineers，Part B：Journal of Engineering Manufacture，
2007，221（9）：1431 – 1440.

[42] ZHOU Z，LI D，ZHANG Z，et al. Design and fabrication of a hybrid
surface-pressure airfoil model based on rapid prototyping[J]. Rapid
Prototyping Journal，2008，14（1）：57 – 66.

[43] YANG D，ZHANG Z，SUN Y，et al. A preliminary design and
manufacturing study of hybrid lightweight high-speed wind-tunnel
models[J]. Rapid Prototyping Journal，2011，17（1）：10.

[44] LANDRUM D B，BEARD R M，LASARGE P A，et al. Evaluation of
stereolithography rapid prototyping for low speed airfoil design[C].
Reno：AIAA，1997.

[45] CHUK R N，THOMSON V J. A comparison of rapid prototyping techniques
used for wind tunnel model fabrication[J]. Rapid Prototyping Journal，
1998，4（4）：185 – 196.

[46] UDROIU R，DOGARU F. Rapid manufacturing of parts for wind tunnel
testing using polyjet technology[C]. Wien：DAAAM International Vienna，
2009.

[47] WOHLERS T. Wohlers Report 2008[R]. America：Wohlers Associates，
2008.

[48] FUJINO M，OYAMA H，OMOTANI H. Flutter characteristics of an

over-the-wing engine mount business-jet configuration[C]. Norfolk: AIAA, 2003: 4925 - 4936.

[49] 朱伟军, 李涤尘, 张征宇, 等. 飞行器风洞模型的快速制造技术[J]. 实验流体力学, 2011, 25 (05): 79 - 84.

[50] JUNK S, SCHRÖDER W, SCHROCK S. Design of additively manufactured wind tunnel models for use with UAVs[J]. Procedia CIRP, 2017, 60: 241 - 246.

[51] TYLER C, REEDER M F, BRAISTED W, et al. Rapid technology focused experimental and computational aerodynamic investigation of a strike tanker[C]. Woodland Aius: AIAA, 2004.

[52] JAMIESON R. New options in aerodynamic modelling: CAD, CFD, stereolithography and shading in a workstation environment [J]. Computer-Aided Engineering Journal, 1990, 7 (3): 75 - 79.

[53] ZHU W J, LI D C, ZHANG Z Y, et al. Design and fabrication of stereolithography-based aeroelastic wing models[J]. Rapid Prototyping Journal, 2011, 17 (4): 298 - 307.

[54] TYLER C, RICHARD J S, FLEMING G, et al. Rapid prototyping-unmanned combat air vehicle (UCAV)/sensorcraft[M]. Arlington: Air Force Research Laboratory, 2008.

[55] REEDER M F, ALLEN W, PHILLIPS J M, et al. Wind-tunnel measurements of the E - 8C modeled with and without winglets[J]. Journal of Aircraft, 2007, 45 (1): 345 - 348.

[56] ZHU W, ZHANG X, LI D. Flexible all-plastic aircraft models built by additive manufacturing for transonic wind tunnel tests[J]. Aerospace Science and Technology, 2019, 84: 237 - 244.

[57] KAMPCHEN M, DAFNIS A, REIMERDES H G, et al. Dynamic aero-structural response of an elastic wing model[J]. Journal of Fluids and Structures, 2003, 18 (1): 63 - 77.

[58] WANG C, YIN G, ZHANG Z, et al. Design and fabrication of an aircraft static aeroelastic model based on rapid prototyping[J]. Rapid Prototyping Journal, 2015, 21 (1): 34 - 42.

[59] KORSCH H，DAFNIS A，REIMERDES H G. Dynamic qualification of the HIRENASD elastic wing model [J]. Aerospace Science and Technology，2009，13（2-3）：130-138.

[60] SALEH N. Effects of electroplating on the mechanical properties of stereolithography and laser sintered parts [J]. Rapid Prototyping Journal，2004，10（5）：305-315.

[61] 武晓卫. CAPP 技术在风洞实验模型研制过程中的应用与开发[D]. 西安：西北工业大学，2005.

[62] 刘兵山，燕瑛，钱卫，等. 复合材料机翼盒段的设计、模态分析和试验 [J]. 北京航空航天大学学报，2003(11)：1026-1028.

[63] 曾东，燕瑛，刘兵山，等. 复合材料飞机结构低速风洞颤振模型的设计 [J]. 航空学报，2006(02)：232-235.

[64] AZAROV Y A，VERMEL V D，KORNUSHENKO A V，et al. Experience in laser stereolithography and its application in manufacturing wind-tunnel aerodynamic models of various purposes[C]. Suzdal：SPIE，2002.

[65] DANESHMAND S，AGHANAJAFI C，SHAHVERDI H. Investigation of papid manufacturing technology effect on aerodynamics properties [J]. Tehnicki Vjesnik-Technical Gazette，2013，20（3）：425-433.

[66] AGHANAJAFI C，DANESHMAND S，NADOOSHAN A A. Influence of layer thickness on the design of rapid-prototyped models[J]. Journal of Aircraft，2009，46（3）：981-987.

[67] HEISLER RR，RATLIFF C L. Wind tunnel model design and testing using rapid prototype materials and processes. The 10th Annual AIAA/BMDO Technology Conference[C]. Williamsburg：AIAA，2001.

[68] 张威，李涤尘，赵星磊，等. 基于光固化快速成形技术的测压风洞模型孔道制造与性能评价[J]. 航空学报，2011(12)：2335-2340.

[69] 李涤尘，周志华，卢秉恒，等. 光固化成形的树脂-金属复合型飞机风洞模型制作和装配：200510124555. 8[P]. 2005-12-15.

[70] BHARDWAJ M K，KAPANIA R K，REICHENBACH E，et al. Computational Fluid Dynamics/Computational Structural Dynamics Interaction Methodology for Aircraft Wings[J]. AIAA Journal，1998，

36 (12)：2179 - 2186.

[71] MARVIN J G. Book Review Turbulence Modeling for CFD[J]. AIAA Journal，1994，32 (6)：1339 - 1339.

[72] CHEN P，JADIC I. Interfacing of Fluid and Structural Models via Innovative Structural Boundary Element Method[J]. AIAA Journal，1998，36 (2)：282 - 287.

[73] FUJII K. Progress and future prospects of CFD in aerospace-Wind tunnel and beyond[J]. Progress in Aerospace Sciences，2005，41 (6)：455 - 470.

[74] WENDT J F. Computational fluid dynamics[M]. Berlin：Springer，2009.

[75] SELIN A，Doyle KSimulation of Supersonic Cavity Flow Using 3D RANS Equations. 22nd Applied Aerodynamics Conference and Exhibit [C]. Rhode Island：AIAA，2004.

[76] THORBY D. Structural Dynamics and Vibration in Practice：An Engineering[M]. Amsterdam Boston：Elsevier/Butterworth-Heinemann，2008.

[77] ROSENBAUM R. Introduction to the study of aircraft vibration and flutter[M]. New York：Macmillan Company，1951.

[78] JEWEL B，BARLOW W H R. Low-speed wind tunnel testing[M]. New York：Wiley，1999.

[79] BETTINA W，DOMINIK R，FLORIAN K，et al. Additive Processing of Polymers[J]. Macromolecular Materials and Engineering，2008，293 (10)：799 - 809.

[80] STOTKO C M. Laser sintering：Layer by layer[J]. Nature Photonics，2009，3 (5)：265 - 266.

[81] 张永存，程厚梅，张然，等. 先进的光学压力测量技术[C]. 北京：中国空气动力学会，2001.

[82] 李平，谢艳，杨奇磷. 2.4m 风洞大规模测压试验技术及应用[J]. 流体力学实验与测量，2002(02)：92 - 96.

[83] 恽起麟. 风洞实验[M]. 北京：国防工业出版社，2000.

[84] 李周复. 风洞特种试验技术 [M]. 北京：航空工业出版社 2010.

[85] ZHU W J, MIAO K, LI D. Static aeroelastic models with integrated stiffness-contributing shell structures built by additive manufacturing [J]. Engineering Structures, 2019, 187: 352-361.

[86] 陈桂彬，杨超，邹丛青. 气动弹性设计基础 [M]. 北京：北京航空航天大学出版社，2010.

[87] FRENCH M, EASTEP F E. Aeroelastic model design using parameter identification[J]. Journal of Aircraft, 1996, 33 (1): 198-202.

[88] RAJA S, RAJAPPA S, JANARDHANAM S. Aeroelastic testing of aerospace vehicles-Experiences gained during four decades [C]. India: National Aerospace Laboratories, 2009.

[89] CHEDRIK V V, ISHMURATOV F Z, ZICHENKOV M C, et al. Optimization approach to design of aeroelastic dynamically-scaled models of aircraft[C]. US: American Institute of Aeronautics and Astronautics Inc., 2004.

[90] ZENG D, YAN Y, LIU B, et al. Design of Low-Velocity Wing Tunnel Flutter Model of Aircraft Composite Structure[J]. Acta Aeronautica Et Astronautica Sinica, 2006, 27 (2): 232-235.

[91] SHAOHUA L, GU Y. Partial structure similarity method to design composite transonic flutter model[J]. Journal of Mechanical Strength, 2009, 31 (2): 22339-22343.

[92] DORNFELD W H. Direct dynamic testing of scaled stereolithographic models[J]. Sound and Vibration, 1995, 28-29 (8): 12-17.

[93] DORNFELD W H. Direct dynamic testing of scaled stereolithographic models[J]. Sound and Vibration, 1995, 28-29 (8): 12-17.

[94] ZIEMIAN C, ZIEMIAN R, BARKER E. Shake-table simulation study of small scale layered models[J]. Rapid Prototyping Journal, 2010, 16 (1): 4-11.

[95] MAHN J P, BAYLY P V. Impact testing of stereolithographic models to predict natural frequencies[J]. Journal of Sound and Vibration, 1999, 224 (3): 411-430.

[96] Heeg J，Spain C，Rivera J. Wind Tunnel to Atmospheric Mapping for Static Aeroelastic Scaling[C]. Palm Springs，California：AIAA，2004.

[97] 刘兵山，燕瑛，曾东，等. 复合材料机翼结构相似颤振模型的设计与实验验证[J]. 复合材料学报，2006，01(23)：142-146.

[98] 陈迎春，宋文滨，刘洪. 民用飞机总体设计[M]. 上海：上海交通大学出版社，2010.

[99] CIANCARELLI C，MELANSON M，BAKER W. Wind tunnel test technologies for aircraft cycle time reduction[C]. Reno，Nevada：AIAA，1999.

[100] 闫明，孙志礼，杨强. 基于响应面方法的可靠性灵敏度分析方法[J]. 机械工程学报，2007，43 (10)：67-71.

[101] FRIEDMANN P P. Renaissance of aeroelasticity and its future[J]. Journal of Aircraft，1999，36 (1)：105-121.

[102] American government. Advisory Group for Aerospace Research and Development，Neuilly-sur-Seine(France). Selection of Experimental Test Cases for the Validation of CFD Codes. Volume 2. (Recueil de cas d'essai Experimentaux Pour la Validation des Codes de L'Aerodynamique Numerique. Volume 2)[R]. Washington D C：American government，1994.

[103] 张宏祥，王为. 电镀工艺学[M]. 天津：天津科学技术出版社，2002

[104] 高美艳，周紫光. ANSYS 对导弹尾翼的三种加载方法分析[J]. CAD/CAM 与制造业信息化，2004，(12)：52-54.

[105] ZHANG H，ZHANG X L，JI S H，et al. Recent development of fluid-structure interaction capabilities in the ADINA system[J]. Computers & Structures，2003，81(8-11)：1071-1085.